Naturwissenschaftliche Elementarbücher.

Physik

von

Balfour Stewart,

Professor der Physik in Manchester.

Deutsche Ausgabe

besorgt von

E. Warburg,

Präsident der Physikalisch-technischen Reichsanstalt
zu Charlottenburg.

Mit Abbildungen und einem Anhang von Fragen und Aufgaben.

Sechste verbesserte Auflage.

Straßburg und Berlin.
Verlag von Karl J. Trübner
1906.

Druck von Georg Reimer in Berlin.

Vorwort.

Bei der Herausgabe der Elementarbücher der Physik und Chemie ist es die Aufgabe der Verfasser gewesen, die Grundsätze ihrer Wissenschaften in einer Weise darzulegen, die für Schüler einer niederen Altersstufe paßt. Sie sind der Meinung, daß das zu erstrebende Ziel weniger darauf gerichtet sein müsse, zu belehren, als vielmehr zu versuchen, den Verstand auf einem bisher nicht gebräuchlichen Wege zu schulen, indem man ihn in unmittelbare Berührung mit der Natur selbst bringt. Zu diesem Zwecke ist eine Reihenfolge einfacher Versuche ausgewählt worden, die bis zu den Hauptgesetzen beider Wissenschaften hinaufleitet. Der Lehrer muß diese Versuche in regelmäßiger Folge vor der Klasse ausführen. Auf diese Weise wird die Beobachtungsgabe der Schüler erweckt und gestärkt werden, während das Maß und die Genauigkeit der gewonnenen Kenntnisse durch eine methodische Folge von Fragen und Aufgaben ermittelt und vermehrt werden muß.

Seit der ersten Veröffentlichung dieser Elementarbücher hat sich ihr Gebrauch in den Schulen

Englands und seiner Kolonien weit verbreitet; ein Beweis, daß die gewählte Behandlungsweise einem anerkannten Bedürfnisse entgegenkommt. Die Einführung des Unterrichts in den Anfangsgründen der Naturwissenschaften ist jetzt in den Elementarschulen aller Länder zur Notwendigkeit geworden. Möge die Übertragung dieser kleinen Elementarbücher ins Deutsche zur Verbreitung naturwissenschaftlicher Bildung in dem weiten Gebiete der deutschen Sprache beitragen; diesen innigen Wunsch hegen die Verfasser.

Im Mai 1876.

H. E. Roscoe.
Balfour Stewart.

Vorwort zur deutschen Ausgabe.

In dem vorliegenden Buche wird zum erstenmal der Versuch gemacht, den Unterricht in der Physik von den Anfängen an auf den Boden der neueren Anschauungen zu stellen. Daß die Methode, welche der Herr Verfasser dabei einschlägt, eine anziehende sei, scheint die Zahl der englischen Auflagen zu beweisen. Der Unterzeichnete ist daher gern bereit gewesen, auf den Wunsch der Verlagsbuchhandlung eine Übersetzung zu veranstalten.

Die englischen Maße sind in dem deutschen Text durch Metermaß ersetzt worden. — Die zur Anstellung der Versuche erforderlichen Apparate werden von dem Mechaniker Majer in Straßburg auf Bestellung angefertigt.

Freiburg i. B., Juli 1876.

E. Warburg,
Professor.

Vorwort zur 6. verbesserten Auflage.

In der vorliegenden 6. Auflage von Stewarts Elementarbuch der Physik ist die neuere Orthographie eingeführt. Auch wurde der Text wiederum durchgesehen und, besonders mit Rücksicht auf Anregungen aus dem Kreise der Herren Schulmänner, an manchen Stellen etwas verändert.

Berlin, im Januar 1906.

E. Warburg.

Inhaltsverzeichnis.

Erwärmte Körper.

Elektrisierte Körper.

Einleitung.

1. Erklärung der Physik.

Aus dem Elementarbuch der Chemie wissen wir, was für Dinge uns umgeben. Wir haben gesehen, womit der Chemiker sich beschäftigt; wie er die Körper wägt und ihre Masse bestimmt; wie er findet, daß gewisse Körper zusammengesetzt sind und in zwei oder mehrere neue zerlegt werden können, während andere einfach, d. h. Elemente sind und nicht in dieser Weise zerlegt werden können.

Kurz, wir haben uns mit den verschiedenen Arten von Körpern beschäftigt, die in der Welt sind. Aber von den verschiedenen Zuständen, in die ein und derselbe Körper versetzt werden kann, haben wir noch nicht viel gelernt. Wir selbst sind unsern Launen und Stimmungen unterworfen; ist doch zuweilen unser Gesicht heiter, zuweilen finster oder mit Tränen bedeckt. Zuweilen fühlen wir uns stark und arbeitslustig, zuweilen matt und verdrossen.

Wenn wir nun etwas nachdenken, so werden wir finden, daß die uns umgebenden Dinge ihre Launen haben, gerade wie wir. Heute ist das Antlitz der Natur hell und lachend, morgen düster und drohend. Der Regen fällt, der Donner rollt, und das Meer ist stürmisch und bewegt.

Eine eiserne Kugel, die auf dem Boden liegt, fühlt sich kalt an und ist schwer in Bewegung zu setzen; legen wir sie aber ins Feuer und nehmen sie wieder heraus, so haben wir zwar denselben Körper, aber sein Zustand ist ein ganz anderer geworden. Fassen wir sie nun an, so verbrennen wir uns die Finger, wie wir alle wissen. Oder bringen wir sie anstatt ins Feuer in eine Kanone und entladen diese, so fliegt unsere Kugel mit furchtbarer Schnelligkeit heraus und zerschmettert alles, was sie trifft.

Hieraus sehen wir, daß eine kalte Kanonenkugel etwas ganz anderes ist als eine heiße, und eine ruhende etwas ganz anderes als eine bewegte.

Wenn wir sehen, daß jemand weint und unglücklich ist, so forschen wir der Ursache dieser Stimmung nach und finden immer, daß eine solche Ursache da ist. Oder wenn wir sehen, daß es jemandem an Energie fehlt, daß er gleichgültig und träge ist, so fragen wir, was die Bedeutung und die Ursache davon sei, und finden dann, daß es eine Bedeutung und eine Ursache habe. So fragen wir auch, wenn wir Veränderungen in dem Zustande oder der Beschaffenheit der leblosen Dinge bemerken, nach der Ursache dieser Veränderungen, und finden immer, daß eine solche vorhanden ist. Diese Frage wollen wir auf den folgenden Seiten stellen und zu beantworten suchen. Wir haben schon gelernt, daß diese Art, die Natur zu befragen, Versuch genannt wird.

2. Erklärung der Bewegung.

Vor allem müssen wir uns klar machen, was Bewegung bedeutet. Bewegung bedeutet Veränderung des Ortes. Wir wissen, daß die feste Erde, auf der wir wohnen, sich sehr schnell um die Sonne bewegt; wir können diese Tatsache indessen ganz außer acht lassen, weil die Erde, obgleich sie sich sehr schnell bewegt, uns alle mitnimmt, und alles so ruhig vor sich geht, als ob die Erde still stände.

Wenn wir daher auf einem Stuhl in einem Zimmer sitzen, so kann man sagen, daß wir in Ruhe sind; wenn wir aber im Zimmer auf und nieder gehen, so sind wir in Bewegung. Um nun unsere Bewegung zu verstehen, müssen wir mehr wissen als die einfache Tatsache, daß wir uns bewegen. Wir müssen die Richtung oder Linie kennen, in welcher, sowie die Geschwindigkeit, mit welcher wir uns bewegen. Versuchen wir nun, uns einen klaren Begriff von der Bedeutung des Wortes „Geschwindigkeit" zu verschaffen. Zu diesem Zwecke wollen wir annehmen, wir gingen hinaus ins Freie und wanderten auf einem geraden Wege 2 bis 3 Stunden immer in demselben Schritt. Finden wir nun, daß wir in einer Stunde 5 Kilometer über unseren Ausgangspunkt hinausgekommen sind und in 2 Stunden 10 Kilometer, so sagen wir, daß wir mit einer Geschwindigkeit gehen, die 5 Kilometer in der Stunde beträgt.

Wie aber, wenn die Geschwindigkeit nicht immer dieselbe ist? Denken wir z. B. an einen Eisenbahnzug, der in die Nähe einer Station kommt und anfängt, seine Geschwindigkeit zu verringern. Angenommen, der Zug fuhr zuerst mit einer Geschwindigkeit von 5 Meilen in der Stunde; nun aber wird diese kleiner und kleiner, bis der Zug, bei der Station angekommen, ganz still steht. Wie können wir nun seine Geschwindigkeit finden, wenn sie immer wechselt? Oder was meinen wir damit, wenn wir sagen, der Zug fuhr, ehe er anfing, seine Bewegung zu verlangsamen, 5 Meilen in der Stunde? Wir meinen einfach folgendes: wenn man dem Zuge eine ganze Stunde lang diejenige Geschwindigkeit gelassen hätte, die er besaß, ehe er anfing, seine Bewegung zu verlangsamen, so hätte er in dieser Stunde 5 Meilen zurückgelegt. Er würde ja wirklich, wenn er, anstatt an der Station anzuhalten, ein Kurierzug gewesen und weitergefahren wäre, nach einer Stunde 5 Meilen über den Punkt hinausgekommen sein, bei dem wir anfingen, ihn zu betrachten.

Man kann eine Geschwindigkeit auf verschiedene Weise ausdrücken. Wir sprechen von einer Geschwindigkeit von so und so viel Meilen in der Stunde, wie wir hier getan haben, zuweilen aber ist es besser, Meter und Sekunde anzuwenden. Wenn man z. B. einen Stein in einen Brunnen fallen läßt, so sagt man, daß er beinahe 5 Meter, nämlich 49 Dezimeter in der ersten Sekunde fällt. 60 Sekunden sind bekanntlich eine Minute, und 60 Minuten sind eine Stunde.

In diesem kleinen Buche werden wir, wenn wir von einer Geschwindigkeit reden, häufiger Meter und Sekunden anwenden als Meilen und Stunden und sagen, daß ein Körper sich mit einer Geschwindigkeit von 5, 10, 20 Metern in der Sekunde bewegt, je nach dem Fall, den wir vor uns haben.

3. Erklärung der Kraft.

Wodurch wird ein ruhender Körper in Bewegung gesetzt? Oder wodurch wird ein bewegter Körper zur Ruhe gebracht? Das geschieht durch eine Kraft. Eine Kraft setzt einen Körper in Bewegung; eine in entgegengesetzter Richtung angewandte Kraft bringt ihn wieder zur Ruhe. Ja noch mehr, wenn eine große Kraft nötig war, einen Körper in Bewegung zu setzen, so ist auch eine große Kraft erforderlich, um ihn wieder zur Ruhe zu bringen. Man kann beim Kegelspiel eine Kugel mit der Hand in Bewegung setzen und sie auch durch die Hand zur Ruhe bringen; man braucht aber eine große Kraft, um bei einem Körper von sehr großer Masse wie z. B. bei einem Eisenbahnzuge dasselbe zu bewirken. Alles, was leicht zu bewegen ist, ist auch leicht zur Ruhe zu bringen, und alles, was schwer zu bewegen ist, ist schwer zur Ruhe zu bringen. Wir sehen daraus, daß eine Kraft nicht nur tätig ist, wenn sie einen Körper in Bewegung setzt, sondern ebensowohl, wenn sie einen Körper zur Ruhe bringt. Kurz: man nennt das Kraft, was den Zustand eines Körpers verändert, mag dieser Zustand nun ein Zustand der Ruhe oder der Bewegung sein.

Versuch 1. — Um dies durch einen Versuch zu erläutern, nehmen wir ein zinnernes Gefäß, worin einige Erbsen liegen, und halten das Gefäß in der rechten Hand. Nun erheben wir schnell die rechte Hand mit dem Gefäß, bis der Arm durch einen etwas höher angebrachten Holzbalken angehalten wird. (Der linke Arm, steif gehalten, tut dieselben Dienste wie der

Balken.) Folgendes haben wir nun erzielt: wir haben das Gefäß mit den Erbsen schnell gehoben und dann plötzlich angehalten. Zuerst haben wir durch die Kraft unseres Armes dem Gefäß eine aufwärts gerichtete Bewegung gegeben, und das Gefäß hat die Erbsen gezwungen, mit ihm sich aufwärts zu bewegen, da sie doch augenscheinlich nicht zurückbleiben konnten. Dann, als der rechte, das Gefäß haltende Arm sich schnell aufwärts bewegte, wurde er plötzlich durch den Holzbalken aufgehalten, d. h. der Holzbalken zwang die

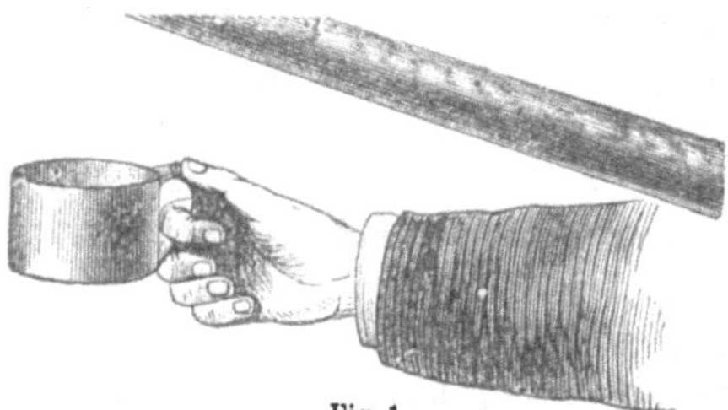

Fig. 1.

Hand zum Stillstehen, und die Hand zwang ihrerseits das von ihr festgehaltene Gefäß zum Stillstehen. Aber diese aufhaltende Kraft wirkt nicht auf die Erbsen, die lose auf dem Boden des Gefäßes liegen, so daß diese fortfahren, sich aufwärts zu bewegen, nachdem das Gefäß aufgehalten wurde; viele von ihnen fallen daher über den Rand des Gefäßes und werden über den Fußboden hin verstreut.

Versuch 2. — Man lege wieder Erbsen in das Gefäß, da die vorigen verschüttet sind; aber anstatt das Gefäß schnell zu heben, bewege man es so schnell wie möglich abwärts. Dabei bewirkt die Kraft des

Armes zwar, daß das Gefäß schnell abwärts bewegt wird, aber sie hat keinen Einfluß auf die Erbsen, die lose auf dem Boden des Gefäßes liegen. Was wird geschehen? Die Erbsen werden der schnellen Bewegung des Gefäßes nicht folgen, sondern zurückbleiben, bis sie zuletzt alle über den Boden hin verstreut sind.

Sehen wir nun zu, was wir aus diesen beiden Versuchen lernen. Wir lernen aus dem ersten, daß die Erbsen, einmal in eine aufwärts gerichtete Bewegung gebracht, noch weiter aufwärts sich bewegen, nachdem das Gefäß aufgehalten worden ist; denn die aufhaltende Kraft des Balkens wirkt nicht auf die Erbsen. Es bedarf einer Kraft, um ihre aufwärts gerichtete Bewegung aufzuhalten, aber diese Kraft konnten wir nicht durch den Balken auf sie übertragen, so daß sie fortfahren, sich aufwärts zu bewegen, bis die Kraft der Erde sie endlich auf den Fußboden zieht. Wir sehen daraus: *es bedarf einer Kraft, um einen sich bewegenden Körper aufzuhalten.*

In dem zweiten Versuch versetzen wir das Gefäß in eine fallende Bewegung; aber die Kraft des Armes, die dies bewirkt, übt keine Wirkung aus auf die Erbsen, die lose auf dem Boden des Gefäßes liegen. Sie beharren in ihrem Ruhezustand und bleiben hinter dem Gefäß zurück, bis zuletzt die Kraft der Erde sie auf den Fußboden zieht. Wir sehen also: *es bedarf einer Kraft, um einen ruhenden Körper in Bewegung zu setzen.*

Eine Kraft kann also zwei Dinge bewirken: sie kann entweder einen bewegten Körper aufhalten oder einen ruhenden in Bewegung setzen. Aber wir finden sehr oft, daß eine Kraft, obwohl vorhanden, nicht tätig ist. Woher kommt das? Wir antworten: es kommt daher, daß sie durch eine andere, gleiche und entgegengesetzte Kraft daran verhindert wird. Halten wir z. B. ein schweres Gewicht in der Hand und lassen es dann los, so bringt die Kraft der Erde, die auf das Gewicht wirkt, es sehr bald auf den Boden. Aber diese Kraft kann nicht tätig werden, so lange wir das Gewicht mit der Hand halten. Oder dasselbe Gewicht liegt auf dem Tisch. Wenn der Tisch nicht da wäre, würde es auf die Erde fallen; aber die Kraft der Erde, die ihm das Bestreben zu fallen gibt, kann nicht tätig werden; mit anderen Worten, dieser Kraft wird ein Hindernis durch den Tisch entgegengesetzt. Das Gewicht drückt auf den Tisch, aber der Tisch setzt dem Druck einen Widerstand entgegen. Wir haben hier also zwei Kräfte, die einander entgegen wirken: die eine ist das Gewicht und die andere die widerstehende Kraft des Tisches.

Aus allen diesen Beispielen lernen wir, daß eine Kraft den Zustand der Ruhe oder der Bewegung eines Körpers verändert, daß eine Kraft aber sehr oft durch eine gleiche und entgegengesetzte Kraft aufgehoben wird und deshalb nicht imstande ist, irgendwelche Wirkung hervorzubringen.

Die wichtigsten Naturkräfte.

4. Erklärung der Schwere.

Wir haben soeben die Bedeutung des Wortes Kraft kennen gelernt; sehen wir uns jetzt einmal nach den wichtigsten Kräften um, mit denen wir es zu tun haben, welche Rolle eine jede spielt und welchen Nutzen sie hat. Die hervorragendste Kraft ist die Anziehung der Erde. Wenn wir einen schweren Gegenstand aus der Hand fallen lassen, so wissen wir, wo wir ihn zu suchen haben; wir wissen, daß er nicht zum Himmel emporfliegt, und daß er sich nicht in irgend einer seitlichen Richtung fortbewegt, sondern daß er auf den Boden oder auf die Erde fällt.

Wir sagen, er fällt hinunter, und gerade die beiden Wörter hinauf und hinunter beziehen sich auf die Anziehung der Erde; denn hätte die Erde keine Anziehungskraft, so würden wir auch solche Wörter nicht anwenden. Das Wort „hinauf" bedeutet eine schwierige Bewegung gegen die Kraft der Erde, das Wort „hinunter" eine leichte Bewegung mit Hülfe der Kraft der Erde. Es ist schwer, einen Berg hinaufzusteigen, aber sehr leicht, ihn hinunterzugehen.

Wenn nun die Erde die Körper anzieht, so folgt daraus nicht, daß alle oder beinahe alle Körper, die wir sehen, sich gegen die Erde hin bewegen. Wir fallen nicht und wünschen auch durchaus nicht, es zu tun. Warum fallen wir nicht? Weil wir auf dem Fußboden stehen; wenn der Fußboden aber nicht da wäre, so würden wir hindurch fallen auf die Erde; der Fußboden muß aber stark genug sein, um unser Gewicht auszuhalten, sonst bricht er ein und wir fallen. Bisweilen ist ein hölzerner Fußboden oder eine Tribüne so überfüllt gewesen, daß sie eingebrochen sind; die Menschen sind dann auf die Erde gefallen, und viele von ihnen sind dabei ums Leben gekommen oder stark verletzt worden.

Wir sehen also, daß die Erde alles anzieht; aber doch bewegen sich die meisten Körper, die wir sehen, nicht zu der Erde hin, weil sie durch etwas anderes gehalten werden, das fähig ist, ihrem Gewichte zu widerstehen. Die Eigenschaft der Körper, die man Gewicht nennt, entsteht also nur durch die Anziehung der Erde. Diese Kraft, die die Erde ausübt, nennt man Schwere.

5. Erklärung der Kohäsion.

Aber es gibt auch noch andere Kräfte als die von der Erde ausgeübten. Wenn wir ein Stück Saite oder Draht nehmen und versuchen, es in zwei Teile zu zerreißen, so übt es eine Kraft aus, die uns daran verhindert; und nur, wenn unsere eigene Kraft größer ist als die, die es uns entgegensetzt, gelingt es, das Stück zu zerreißen. Die einzelnen Teile oder Teilchen der Saite oder des Drahtes werden nämlich durch eine Kraft zusammengehalten, die jedem Versuch, dieselben zu trennen, widersteht. Ebenso ist es mit den verschiedenen Teilen oder Teilchen aller festen Körper, wie Holz, Stein, Metall 2c. Es ist oft sehr schwer, eiu Ding zu zerbrechen, zu biegen, zu zerstoßen oder überhaupt seine Gestalt oder Größe in irgend einer Weise zu verändern. Diese Kraft, die die verschiedenen Teilchen eines Körpers verbindet, nennt man Kohäsion.

Wir erkennen hieraus den Unterschied zwischen Schwere und Kohäsion. Schwere ist die Kraft, mit der die Erde die Körper zu sich anzieht, und die auf eine große Entfernung wirkt, so daß z. B. der Mond, der 52000 Meilen von der Erde entfernt ist, von ihr angezogen wird. Kohäsion anderseits ist die Kraft, mit der die benachbarten Teilchen eines Körpers zusammenhalten, aber diese Kraft wirkt nur, wenn die Teilchen einander sehr nahe sind; denn wenn einmal ein Ding zerbrochen oder zerrissen ist, können seine Teilchen nicht leicht wieder zur Verbindung gebracht werden.

6. Erklärung der chemischen Anziehung.

Außer diesen beiden Kräften gibt es die Kraft der chemischen Anziehung oder Verwandtschaft. Wir haben in der Chemie (Abschn. 4) gelernt, daß Kohle und Sauerstoffgas sich chemisch verbinden, und daß durch ihre Verbindung Kohlensäure entsteht. Die Kohle und das Sauerstoffgas werden durch die Kraft, die sie aufeinander ausüben, gerade so zueinander hingezogen wie ein Stein zur Erde. Vermittelst dieser Kraft eilen sie zusammen und vereinigen sich, und durch diese Vereinigung entsteht etwas, das von beiden ganz verschieden ist. Diese Kraft nennen wir chemische Anziehung; sie hat die Eigentümlichkeit, daß sie nur zwischen verschiedenartigen Körpern tätig ist; denn bei der chemischen Verbindung sind es immer verschiedenartige Körper, die auf diese Weise aufeinander stürzen und sich vereinigen.

7. Nutzen dieser Kräfte.

Nachdem wir nun einiges über die wichtigsten Naturkräfte gelernt haben, wollen wir versuchen, uns klar zu machen, welche Rolle sie spielen und warum sie überhaupt vorhanden sind; wir werden dann sofort einsehen, daß wir ohne sie schlimm daran wären. Zuerst wollen wir einmal annehmen, es gäbe keine Schwere, und die Erde zöge die Körper nicht an. Wenn wir einen steilen Berg erklimmen, denken wir wohl zuweilen, wie angenehm es sein würde, wenn wir ebenso leicht hinaufgehen könnten wie hinunter. Wie sehr wünschten wir, daß es keine Schwere gäbe! Aber es wäre ein schreckliches Unglück, wenn einer von den Geistern, von denen wir in Märchen lesen, uns unsere Bitte gleich erfüllte. Wenn es keine Schwere gäbe, würde es auch kein Gewicht geben, und wir würden dann allerdings leicht genug einen Berg hinaufsteigen; aber wenn wir in die Luft sprängen, würden wir da schwebend bleiben, und möglicherweise wären wir dann imstande, die Erde überhaupt zu verlassen. Unsere Möbel würden teils auf dem Boden liegen, teils auf dem Dach, teils in der Luft umherfliegen, und wir selbst könnten ebenso bequem auf dem Dach gehen als auf dem Boden. Der Mond, da er nicht mehr an die Erde gebunden wäre, würde uns für immer verlassen, und in gleicher Weise würde die Erde, da sie nicht mehr an die Sonne gebunden wäre, diese verlassen und fortwandern unter die Sterne.

Soviel von der Schwere. Was würde nun erfolgen, wenn es keine Kohäsion gäbe? Wenn diese Kraft nicht vorhanden wäre, würden die Teilchen der festen Körper nicht aneinander haften, und diese letzteren in Stücke oder vielmehr in Pulver zerfallen. Das Holz unserer Tische und Stühle würde zu Pulver zerfallen, und wir würden keine Möbel haben; die Mauersteine unserer Häuser würden dasselbe tun, so daß wir keine Häuser hätten. Wir selbst würden zerfallen, und so würden schließlich alle Dinge sich in eine ungeheure Staubmasse auflösen.

Schließlich wollen wir uns klar machen, was erfolgen würde, wenn es keine chemische Anziehung gäbe. Erstens würde das Feuer aufhören zu brennen, weil der Kohlenstoff der Kohlen sich nicht mehr mit dem Sauerstoff der Luft verbinden würde. Ferner würden zwei einfache Stoffe oder Elemente sich nicht vereinigen und einen zusammengesetzten Körper bilden, sondern es würde nichts vorhanden sein als ungefähr 60 Elemente, nämlich eine große Anzahl Metalle und eine kleine Anzahl Gase. Es gäbe in einer solchen Welt keine Abwechselung und kein Leben; denn unsere eigenen Körper sind zusammengesetzt, und wenn die chemische Anziehung aufgehoben wäre, würde ein Teil unserer Körper in der Luft aufgehen und sich mit ihr vermischen, während ein anderer Teil, bestehend aus Kohlenstoff, etwas Phosphor und einem oder zwei Metallen, auf den Boden fallen würde; und so wäre es mit uns vorbei.

Wie die Schwere wirkt.

8. Der Schwerpunkt.

Versuch 3. — Wir wollen nun die Kraft der Schwere näher zu erforschen suchen. Zu diesem Zwecke nehmen wir ein unregelmäßiges Stück Eisenblech und hängen es an einem Faden auf. Wir sehen, daß es in einer bestimmten Weise hängt, und daß der Strich, der schon mit weißer Farbe auf dem Blech gezogen ist, dieselbe Richtung hat wie der Faden. Nun wollen wir das Blech an einem andern Punkte frei aufhängen.

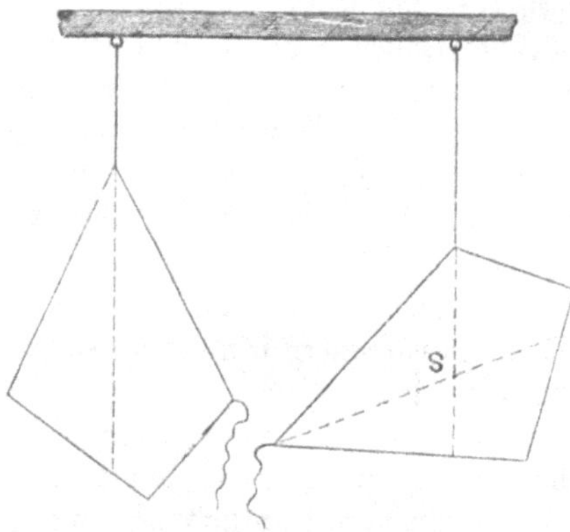

Fig. 2.

Jetzt erhalten wir einen andern Strich in der Verlängerung des Fadens und sehen ferner, daß die bei-

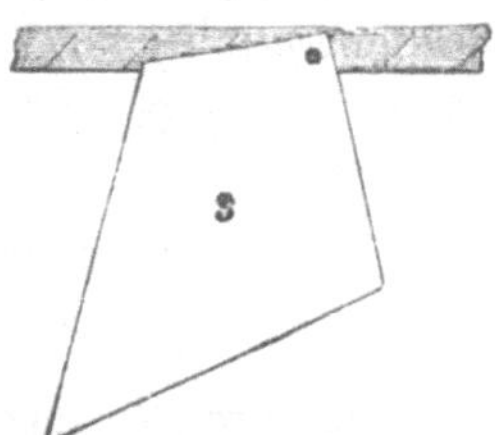

Fig. 3.

den Striche sich in einem Punkte schneiden, der mit S bezeichnet ist.

Endlich hängen wir das Blech noch an irgend einem dritten Punkte seines Randes auf. Wie vorhin ziehen wir einen Strich in der Verlängerung des Fadens. Wir bemerken, daß diese drei Striche sich alle in demselben Punkt S durchschneiden. Wenn wir nun das Blech an irgend einem Punkte an einem Faden frei aufhängen und einen Strich in der Verlängerung des Fadens ziehen, so finden wir, daß alle diese Striche sich in demselben Punkt S durchschneiden, und daß dieser Punkt immer gerade unter dem Punkt liegt, an dem das Blech aufgehängt ist; selbst wenn wir das Blech zur Seite stoßen, kehrt es wieder in seine alte Lage zurück. Welche Bedeutung hat nun dieser merkwürdige Punkt S? Um das herauszufinden, befestigt man einen Faden an S und hängt das Blech an dem Faden auf. Das Blech ist jetzt im Gleichgewicht, wie es auch hängt, gerade als ob sein ganzes Gewicht in dem einen Punkt S vereinigt wäre. S ist der Schwerpunkt des Blechs. Hängt man das Blech an einem Faden frei auf, so nimmt es eine solche Lage an, daß sein Schwerpunkt S so tief wie möglich zu liegen kommt. Wenn man das Blech, anstatt es an einem Faden schwebend zu halten, lose an einem Haken aufhängt, so sucht es ebenfalls, seinen Punkt S in eine möglichst tiefe Lage zu bringen, und hängt nicht wie in Fig. 3, sondern der Schwerpunkt ist dann lotrecht unter dem Haken. Dieser Schwerpunkt ist in der Tat der Punkt, in welchem wir uns sozusagen das ganze Gewicht des Körpers vereinigt und wirkend denken können. Infolge der Anziehungskraft der Erde nimmt naturgemäß jeder Körper eine möglichst tiefe Lage an, genauer gesprochen: sein Schwerpunkt nimmt eine möglichst tiefe Lage an.

9. Die Wage.

Jeder Körper hat einen solchen Punkt S, den wir seinen Schwerpunkt nennen. Die Wage auf Seite 34 hat, wie jeder andere Körper, ihren Punkt S, ihren Schwerpunkt und sucht, gerade wie das Eisenblech, diesen Punkt in eine möglichst tiefe Lage zu bringen.

Wenn nun gleiche Gewichte in beiden Schalen der Wage liegen, so ist dieser Punkt S, in dem wir uns das ganze Gewicht der Wage vereinigt denken können, gerade unter dem Punkte, auf dem die Wage sich wiegt, und wenn wir sie auf eine Seite drücken, so kehrt sie, losgelassen, schließlich wieder in ihre alte Lage zurück. Überhaupt behält sie diese Lage immer bei, wenn die Gewichte in jeder Schale gleich sind. Dabei zeigt der Zeiger gerade auf die Mitte. Will man daher einen Körper wägen, so legt man ihn in eine der Schalen und Gewichte in die andere, bis der Zeiger gerade auf die Mitte zeigt; dann ist man sicher, daß die Gewichte in der einen Schale dem Gewichte des Körpers in der andern genau gleich sind. Wenn aber die Gewichte nicht schwer genug sind, so wird der Wagebalken durch den Körper nach der Seite hinübergedrückt, auf welcher der Körper liegt, während, wenn die Gewichte zu schwer sind, sie ihrerseits den Balken nach der anderen Seite hinüberdrücken.

Versuch 4. — Man lege ein Stück Metall in eine der Schalen und 15 Gramm in die andere; die Schale mit dem Metall sinkt herab, und daraus geht hervor, daß das Metall schwerer ist als die Gewichte. Jetzt lege man 25 Gramm in die andere Schale; nun sind wiederum diese 25 Gramm zu schwer; die Schale, in der sie liegen, sinkt herab, während vorher die andere sank. Also liegt das Gewicht des Metalls zwischen 15 und 25 Gramm. Wir wollen es daher mit 20 Gramm versuchen; jetzt weist der Zeiger gerade auf die Mitte, und der Wagebalken ist genau wagerecht oder horizontal; das Gewicht des Metalls beträgt also 20 Gramm.

Die drei Aggregat-Zustände.

10. Wir haben gesehen, daß wir ohne die verschiedenen Naturkräfte nicht auskämen, und daß überhaupt keine Welt vorhanden wäre, wenn die Teilchen der Körper einander nicht anzögen. Wir haben auch gesehen, daß, wenn es keine Kohäsion gäbe, alles in Staub verwandelt sein würde. Wenn aber anderseits alle Körper Kohäsion in einem hohen Grade besäßen, so stände es beinahe ebenso schlimm mit uns, denn in diesem Fall würden wir weder Flüssigkeiten noch Gase, weder Wasser noch Luft haben.

Die Teilchen einer Stange von Eisen oder Stahl besitzen eine sehr große Kohäsion, und es ist sehr schwer, sie voneinander zu trennen. Aber Wasser und Quecksilber haben fast gar keine Kohäsion, und der geringste Druck treibt Wasser oder Quecksilber nach allen Richtungen hin auseinander. Dennoch haben diese beiden Flüssigkeiten noch ein wenig Kohäsion, wie aus folgenden Versuchen hervorgeht.

Versuch 5. — Man nehme eine sehr kleine Menge Quecksilber aus der Quecksilberflasche und gieße es auf eine flache Glasfläche. Durch Druck kann man es in kleine Kügelchen zerteilen. Diese Kügelchen selbst liefern uns nun einen Beweis dafür, daß die Teilchen des Quecksilbers aneinander haften; denn, legt man eine andre Glasscheibe auf die Kügelchen und drückt sie hierdurch platt, so nimmt das Quecksilber, wenn man die Glasscheibe entfernt, wieder seine frühere kugelförmige Gestalt an.

Versuch 6. — Man sprenge einige Tropfen Wasser auf eine ölige oder fettige Fläche, und man wird finden, daß sie eine abgerundete Form, ähnlich den Quecksilbertropfen haben; ein Beweis dafür, daß die Teilchen aneinander haften. Dagegen haben die Teilchen von Gasen, wie z. B. der Luft, die wir atmen, kein Bestreben, zusammenzuhalten, sondern vielmehr das entgegengesetzte; sie entfernen sich nämlich voneinander, wenn nicht irgend eine Kraft sie daran hindert. Wir haben also drei sehr verschiedene Zustände der Materie, den festen, flüssigen und gasförmigen; jeder dieser Zustände hat gewisse Eigenschaften, die zu seiner Unterscheidung dienen.

11. Erklärung der festen Körper.

Ein fester Körper, z. B. ein Stück Eisen oder Holz, widersteht jedem Versuch, seine Gestalt oder seinen Rauminhalt zu verändern; er behält immer denselben Rauminhalt und dieselbe Gestalt bei, wenn beides nicht gewaltsam verändert wird.

12. Erklärung der flüssigen Körper.

Eine Flüssigkeit, wie z. B. Wasser, breitet sich, wenn sie in einer Flasche oder in einem andern Gefäß aufbewahrt wird, immer so aus, daß ihre Oberfläche horizontal ist, aber sie behält immer ihren ganz bestimmten Rauminhalt bei. Wir können auf keine Weise ein Liter Wasser in ein Schoppenmaß zwängen; das Wasser besteht darauf, seinen vollen Rauminhalt zu bewahren, aber wir können ohne Schwierigkeit seine Gestalt verändern.

13. Erklärung der gasförmigen Körper.

Ein Gas hingegen hat keine freie Oberfläche. Wenn man eine Quantität irgend eines Gases in ein vollkommen leeres Gefäß bringt, so füllt das Gas das ganze Gefäß aus. Auch bestehen die Gase nicht so entschieden wie die Flüssigkeiten darauf, einen bestimmten Raum einzunehmen, denn durch einen entsprechenden Aufwand von Kraft kann man ein Gas, das erst eine Literflasche ausfüllte, in einen Schoppen oder halben Liter zusammenpressen, ja sogar in einen noch geringeren Raum, wenn man genügende Kraft anwendet. Ein Gas kann also dahin gebracht werden, sich mit weniger Raum zu begnügen, aber eine Flüssigkeit nicht.

Die Eigenschaften der festen Körper.

14. Das besondere Unterscheidungszeichen eines festen Körpers ist, daß er nicht nur seinen bestimmten Rauminhalt, sondern auch seine bestimmte Gestalt festhält.

Versuch 7. — Auf Fig. 4 sehen wir zwei Gefäße von verschiedener Form aber von demselben Rauminhalt. Wenn wir das erste genau mit Wasser füllen und dieses dann in das zweite gießen, so finden wir, daß es auch das zweite genau ausfüllt.

Hier haben wir ferner zwei Stücke Holz, die beide dieselbe Gestalt oder Form haben, aber das eine ist viel größer als das andere; ihr Rauminhalt ist verschieden.

Aus diesen Beispielen lernen wir, was man unter Größe, Rauminhalt oder Volumen versteht (denn diese drei Wörter bedeuten dasselbe), und was man unter Form oder Gestalt versteht. Einen festen Körper, der die Gestalt des einen Gefäßes hat, kann man nicht zwingen, die Gestalt des anderen Gefäßes anzunehmen,

Fig. 4.

obgleich der Rauminhalt der beiden derselbe ist; ebenso wenig kann man einem festen Körper von der Größe oder dem Rauminhalt des ersten hölzernen Klotzes durch Zusammenpressen die Größe des zweiten erteilen, obgleich die Form der beiden Klötze dieselbe ist. Ein vollkommen fester Körper bewahrt seine Form und auch seinen Rauminhalt.

Wir müssen aber wohl beachten, daß, wenn wir sagen, wir können etwas nicht bewerkstelligen, wir damit nur meinen, wir können es nicht ohne sehr große

Schwierigkeit und dann nicht vollständig, sondern nur in ganz geringem Maße tun; was eigentlich gemeint ist, wird am besten durch eine Reihe von Versuchen erklärt.

Versuch 8. — Man nehme eine Eisenstange; zuerst versuche man, sie durch einen Schlag zu zertrümmern; aber sie läßt sich nicht zertrümmern. Hierauf versuche man, sie zu dehnen, indem man sie an dem einen Ende fest aufhängt und an dem andern ein schweres Gewicht befestigt; aber sie läßt sich nicht dehnen. Jetzt versuche man mit zwei Stäben, die in

Fig. 5.

die Stange an ihren Enden passen, wie wir auf Fig. 5 sehen, das eine Ende zu drillen, während man das andere festhält; aber es läßt sich nicht drillen. Nun stelle man die Stange aufrecht auf den Tisch und lege ein schweres Gewicht auf sie, um so zu versuchen, ob sie sich zusammendrücken läßt; aber sie läßt sich nicht zusammendrücken. Endlich hänge man sie wagerecht an beiden Enden auf und befestige ein Gewicht an der Mitte; aber man sieht bald, sie läßt sich nicht biegen.

Diese Eisenstange nun, die man weder durch einen Schlag zertrümmern, noch dehnen, drillen, zusammendrücken oder biegen kann, ist ein sehr gutes Beispiel eines festen Körpers. Wenn aber eine außerordentlich große Kraft angewandt wird, kann die Stange doch gedehnt, gedrillt, zusammengedrückt und gebogen werden. Ja, genau genommen, hat man sie wirklich gedehnt, gedrillt, zusammengedrückt und gebogen in den Versuchen, die wir eben beschrieben haben, aber nicht so viel, daß es uns sichtbar geworden wäre. Um wie viel man die Stange dehnt, drillt, zusammendrückt oder biegt, hängt davon ab, wie viel Kraft man anwendet. Es ist die Aufgabe der Physik, den Zusammenhang zwischen der angewandten Kraft und den Wirkungen, die sie hervorbringt, zu erforschen. Alles über diesen Gegenstand hier anzuführen, würde zu viel Zeit in Anspruch nehmen, aber wir wollen einen Vorgang behandeln, z. B. das Biegen, und zu erkennen suchen, in welcher Weise hierbei die Wirkung von der angewandten Kraft abhängt.

15. Das Biegen.

Versuch 9. — Zu diesem Zwecke unterstützen wir einen hölzernen Balken in wagerechter Lage an beiden Enden, hängen ein ziemlich schweres Gewicht an die Mitte und messen auf einem Maßstabe, um wie viel der Mittelpunkt durch das Gewicht niedergedrückt ist. Verdoppeln wir das Gewicht, das am Mittelpunkt hängt, und beobachten die neue Lage des Mittelpunktes des Balkens unter dem vermehrten Gewicht, so finden wir, daß der Mittelpunkt des Balkens ungefähr dop-

Fig. 6.

pelt so stark durch das doppelte Gewicht niedergedrückt ist wie durch das einfache, oder daß die Biegung nahezu proportional ist dem angewandten Gewicht.

Versuch 10. — Wir wollen jetzt denselben Holzbalken mit der schmalen Seite nach oben oder, wie man sagt, auf die hohe Kante legen. Wenden wir dann dieselbe Kraft wie vorher an, so finden wir, daß der Balken lange nicht so stark gebogen wird wie vorher.

16. Die Stärke der Materialien.

Wenn ein Baumeister bei der Errichtung eines Gebäudes große hölzerne Balken verwendet, so wird daher augenscheinlich ihre Stärke am meisten ausgenutzt, wenn er sie hochkantig legt, denn in einer solchen Lage werden sie am wenigsten einem schweren Gewicht nachgeben.

Ein Baumeister oder Ingenieur muß darum eine genaue Kenntnis von der Stärke der Materialien und von der Art und Weise haben, wie er sie legen muß, um eine größtmögliche Festigkeit durch möglichst wenig Material zu erzielen; überhaupt muß er wissen, wie er sein Holz oder Eisen am vorteilhaftesten verwenden kann.

Außerdem muß der Baumeister oder Ingenieur darauf bedacht sein, daß sein Haus oder seine Brücke eine Last tragen kann, die fünf- oder sechsmal schwerer ist als die schwerste, die je darauf gebracht wird. Denn ein Gebäude kann zuweilen wohl stark genug sein, um die Last eines schweren Gewichtes auf dem Fußboden zu tragen, ohne gerade einzustürzen, oder eine Brücke kann stark genug sein, der Überfahrt eines langen Zuges standzuhalten, ohne einzubrechen, und doch kann dabei der Fußboden in dem Gebäude so sehr gebogen werden, daß er nach Entfernung des Gewichtes nicht völlig in seine ursprüngliche Lage zurückkehrt, oder die Brücke kann so sehr gebogen werden, daß sie gleichfalls nicht in ihre frühere Lage zurückkehrt. In einem solchen Falle wird der Fußboden jedesmal neu geschwächt, wenn das Gewicht darauf gesetzt wird, oder die Brücke jedesmal, wenn der Zug darüberfährt; sie werden mehr und mehr durchgebogen, bis sie zuletzt einbrechen. Der Baumeister oder Ingenieur muß daher wohl dafür sorgen, daß seine Balken nie über die Grenze hinaus gebogen werden, jenseits deren eine Rückkehr in die alte Lage nach Fortnahme der Last nicht mehr erfolgt.

17. Die Reibung.

Ehe wir die festen Körper verlassen, wollen wir einiges über die Reibung sagen. Wenn man ein sehr schweres Gewicht auf den Tisch setzt, so braucht man eine sehr große Kraft, um es fortzubewegen. Wenn aber der Tisch von Marmor ist und nicht von Holz, so reicht eine viel geringere Kraft aus, das Gewicht fortzuschieben, und wenn das Gewicht auf einer Eisfläche liegt, so kann es durch eine noch geringere Kraft fortbewegt werden. Die Kraft nun, die es uns so schwer macht, ein schweres Gewicht fortzuschieben, heißt die Kraft der Reibung.

Es würde uns ohne Reibung beinahe ebenso schlecht gehen wie ohne die anderen Kräfte; denn, wenn es keine Reibung gäbe, so würden wir immer wie auf Eis gehen, und wo die geringste Senkung wäre, würde nichts stehen können, sondern alles würde hinuntergleiten.

Die Eigenschaften der Flüssigkeiten.

18. Ihr Rauminhalt ist unveränderlich.

Wir können die Teilchen einer Flüssigkeit, wie z. B. des Wassers, sehr leicht hin und her bewegen, aber wir können auf keine Weise den Rauminhalt einer Wassermasse verkleinern, also z. B. ein Liter Wasser dazu bringen, daß es in eine Halbliterflasche hineingeht.

Versuch 11. — Wir wollen aber trotzdem versuchen, dies zu tun und sehen, welche Wirkung wir erhalten, denn wir müssen einen Versuch anstellen, so oft wir können. Wir bringen Wasser in ein Gefäß, das an einer Seite durch einen wasserdichten Kolben oder Stempel verschlossen ist. Nun wollen wir versuchen, diesen Kolben hinunterzutreiben, um das Wasser in ein kleineres Volumen zu zwängen, und dazu ein großes Gewicht auf den Kolben legen. Aber es gelingt uns dadurch nicht, das Wasser zusammenzupressen.

19. Sie pflanzen den Druck fort.

Versuch 12. — Denken wir uns eine Wassermasse, die zwischen zwei Stempeln oder Kolben eingeschlossen ist. Wenn wir den einen Kolben hinunterdrücken, so veranlassen wir den anderen, sich aufwärts zu bewegen. Legt man nun ein 10 Pfundgewicht auf den einen Kolben und ein gleiches auf den andern, so hält der eine dem andern vollkommen das Gleichgegewicht und keiner wird bewegt.

Fig. 7.

Versuch 13. — Im letzten Versuch waren beide Kolben senkrecht, wie in Fig. 7; jetzt möge der eine senkrecht, der andere wagerecht sein, und wir wollen auf den wagerechten Kolben ein 10 Pfundgewicht wirken lassen. Bringen wir jetzt am senkrechten Kolben auch ein 10 Pfundgewicht an, so halten wir den am wagerechten Kolben angebrachten 10 Pfunden gerade das Gleichgewicht. Bringen wir aber 12 Pfund an dem senkrechten Kolben an, so treiben wir den wagerechten heraus, und in derselben Weise treiben wir den senkrechten in die Höhe, wenn wir 12 Pfund an dem wagerechten anbringen. So können wir durch Wasser den auf einen senkrechten Kolben nach unten gerichteten Druck von 10 Pfund in einen gleichen, wagerechten und nach außen auf den anderen Kolben gerichteten Druck verwandeln. Und so sehen wir, daß eine Flüssigkeit wie Wasser einen Druck nach allen Richtungen hin fortpflanzt. Diese Tatsache wurde von Pascal entdeckt.

Versuch 14. — Zu diesem Versuch verwenden wir zwei senkrechte Kolben, aber die Oberfläche des einen ist doppelt so groß wie die des andern. Legen wir nun 10 Pfund auf den kleineren Kolben, so halten ihnen 10 Pfund auf dem größeren nicht mehr das Gleichgewicht, sondern wir müssen 20 Pfund auf den großen legen, um die 10 Pfund auf dem kleinen im

Gleichgewicht zu halten. Ebenso finden wir, wenn der große Kolben die dreifache Oberfläche des kleinen hat, daß 10 Pfund auf dem kleinen 30 Pfunden auf dem großen das Gleichgewicht halten. Also nicht nur übt ein nach unten gerichteter Druck auf den einen Kolben einen nach oben gerichteten Druck auf den andern aus, sondern der ganze Druck nach oben ist proportional zu der Oberfläche des Kolbens, so daß, wenn der eine Kolben dreimal die Oberfläche des andern hat, er mit einem dreimal so starken Druck nach oben getrieben wird, usw.

20. Die hydraulische Presse.

Diese Eigenschaft des Wassers ist sehr wertvoll; man hat sie benutzt zur Verfertigung einer sehr starken Maschine, welche „hydraulische Presse" oder, nach dem

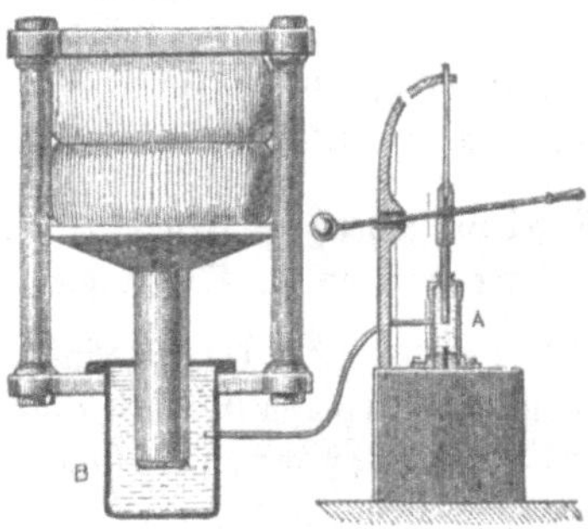

Fig. 8.

Namen ihres Erfinders, „Bramah-Presse" heißt und auf der vorstehenden Figur abgebildet ist. Auf dieser sehen wir ein paar Wollenballen, die so viel wie möglich zusammengepreßt werden sollen, damit sie recht wenig Platz einnehmen, wenn sie von einem Land oder Ort nach dem andern verschickt werden. Ferner sehen wir zwei Kolben, einen großen und einen kleinen; die Oberfläche des großen ist hundertmal so groß wie die des kleinen. Legt man nun eine Tonne auf den kleinen Kolben, so muß man ein viel größeres Gewicht auf den großen legen, um ihn niederzuhalten, denn der große hat hundertmal die Oberfläche des kleinen. Man muß hundert Tonnen auf den großen Kolben legen, um der einen Tonne auf dem kleinen das Gleichgewicht zu halten. Der große Kolben wird also, wenn man den kleinen mit einer Tonne belastet, durch die ungeheure Kraft von 100 Tonnen aufwärts bewegt und drückt mit dieser Kraft gegen die Wollenballen, die dadurch sehr fest zusammengepreßt werden. Natürlich ist es bei einer derartigen Maschine nötig, daß jeder Teil sehr stark und dicht ist, sonst würde das Wasser mit ungeheurer Kraft durch einen Riß oder eine nachgebende schwache Stelle herausstürzen.

21. Flüssigkeiten suchen sich immer eine wagerechte oder horizontale Oberfläche.

Die nächste Eigenschaft der Flüssigkeiten besteht darin, daß sie immer eine horizontale Oberfläche annehmen. Es ist klar, daß diese Oberfläche nicht schief sein kann, denn die höheren Teile würden, da sie durch keine Reibung gehindert werden, zu den tieferen hinuntergleiten. Ein Geometer würde uns sagen, daß ein Bleilot, wenn es über eine Wasserfläche gehängt wird, senkrecht zu der Oberfläche steht; d. h. es hängt nicht in irgend einer Richtung schief gegen die Fläche, sondern gerade auf ihr; das können wir durch einen sehr einfachen Versuch beweisen.

Versuch 15. — Man nehme alles Quecksilber aus der Flasche und gieße es in ein flaches Gefäß; dann lasse man es den ganzen Boden des Gefäßes bedecken dadurch, daß man das Gefäß wagerecht stellt. Nun hänge man ein Lot über das Gefäß. Man sieht dann, daß das Spiegelbild des Lotes und das Lot selbst dieselbe Richtung haben. Hieraus aber geht hervor, daß das Lot nicht schief zur Oberfläche steht;

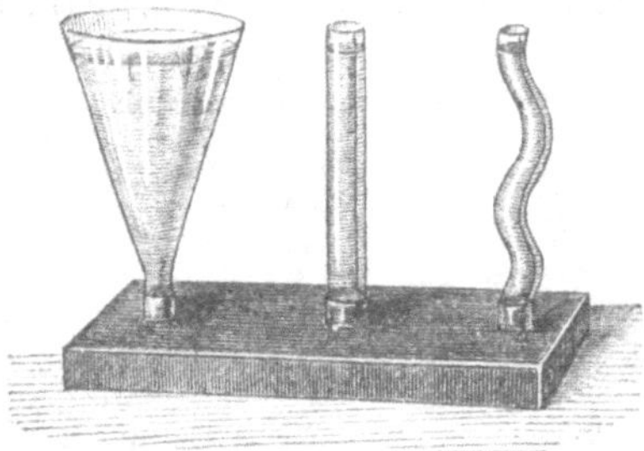

Fig. 9.

denn in solchem Falle würde das Spiegelbild und das Lot selbst nicht eine Linie bilden, sondern sie würden als zwei Linien erscheinen, die gegen einander geneigt sind.

Versuch 16. — Selbst wenn die Flüssigkeit in gebogenen Röhren enthalten ist, steht sie in dem linken Röhrenteil immer auf derselben Höhe wie in dem rechten, und das ist der Fall, welche Gestalt die Röhre auch immer haben mag. Man braucht nur einige verschiedenartig geformte, zusammenhängende Röhren mit Wasser zu füllen, um dieses zu beweisen (Fig. 9).

Das Wasser steht in allen Röhren auf derselben Höhe (demselben Niveau).

22. Die Wasserwage.

Diese Tatsache gibt uns Veranlassung, von der Wasserwage zu sprechen, welche wir auf Abbildung 10 sehen. Bringen wir das Auge in eine Linie mit der Oberfläche des Wassers in den beiden Schenkeln des Rohres, so wissen wir, daß wir längs einer horizontalen Linie sehen, und daß alle Punkte, die wir längs dieser Linie sehen, genau dasselbe Niveau haben, so

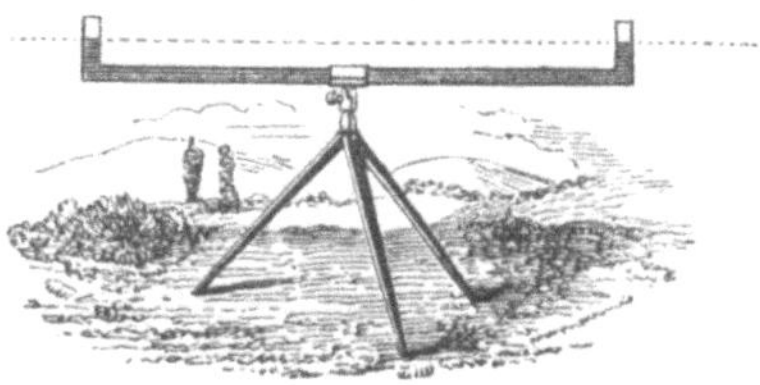

Fig. 10.

daß, wenn eine Flut käme, sie diese Punkte alle genau in demselben Augenblick erreichen würde.

Es ist oft sehr wichtig zu wissen, welche Punkte auf demselben Niveau liegen; ein Mann, der einen Kanal oder eine Eisenbahn anlegt, muß das wissen. Zu diesem Zweck benutzt er irgendein Nivellierungs-Instrument; das oben beschriebene ist die Wasserwage.

23. Der Druck des Wassers in der Tiefe.

Nehmen wir nun ein ziemlich tiefes, mit Wasser gefülltes Gefäß. Es ist einleuchtend, daß das Gewicht der oberen Wasserschichten auf die nahe am Boden befindliche drückt, so daß der Druck auf eine Schicht um so größer sein muß, je tiefer sie unter der Oberfläche liegt. Auf die Schicht, die zwei Meter unter der Oberfläche liegt, drückt zweimal so viel Wasser als auf die, die nur einen Meter unter der Oberfläche liegt; mit anderen Worten, der Druck nimmt proportional der Tiefe zu.

Versuch 17. — Dieser Druck wirkt nach allen Richtungen, ebensowohl aufwärts wie seitwärts und abwärts. Um dies zu beweisen, füllen wir ein Gefäß fast ganz mit Wasser und ziehen einen Pfropfen aus der Seite, nahe an der Oberfläche. Dann wird das Wasser durch den darauf ausgeübten Druck hinausgetrieben, aber nicht sehr heftig; ziehen wir aber einen Pfropfen nahe am Boden heraus, so sehen wir, daß durch das große Gewicht des darüberliegenden Wassers der Druck viel größer ist und das Wasser mit großer Gewalt herausstürzt. So viel von dem Druck nach der Seite. Wir wollen nun versuchen, zu zeigen, daß es auch einen Druck nach oben gibt. Dazu nehmen wir einen sogenannten Zylinder, d. h. ein weites Glasrohr ohne Deckel und Boden. Einen besonderen genau passenden Boden legen wir darunter; an diesem ist eine Schnur befestigt, die durch den Zylinder geht, und mit der wir den losen Boden fest an dem unteren Rand des Zylinders halten. Während

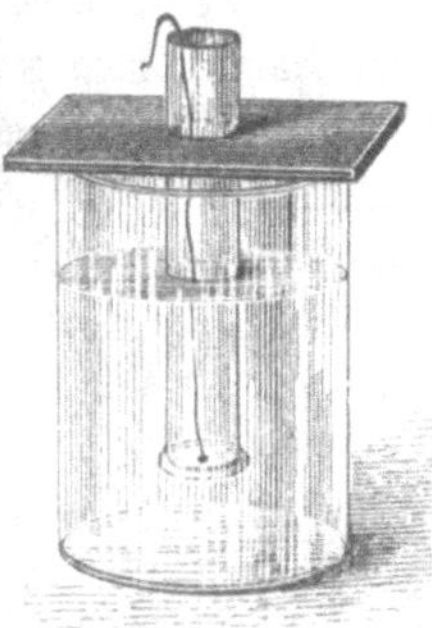

Fig. 11.

wir den Boden durch die Schnur so festhalten, wollen wir den Zylinder unter die Oberfläche des Wassers in dem Gefäß tauchen; jetzt kann die Schnur losgelassen werden, ohne daß der Boden abfällt, weil er durch den gegen ihn ausgeübten aufwärts gerichteten Druck des Wassers gehalten wird. Gießen wir nun Wasser, das mit Indigo blau gefärbt ist, in den Zylinder, so wird der Boden doch gehalten und fällt erst ab, wenn das Wasser innerhalb des Zylinders beinahe die Höhe des Wassers außerhalb erreicht hat, weil dann der aufwärts gerichtete Druck gegen die Außenseite des losen Bodens aufgewogen wird durch einen gleichen abwärts gerichteten Druck des gefärbten Wassers gegen die Innenseite des Bodens.

Wenn man in einem Boot auf dem Wasser fährt, so kann man sich leicht von dem großen Druck des Wassers in großer Tiefe überzeugen. Man füllt dazu eine gewöhnliche Weinflasche zu $^3/_4$ mit Wasser, verkorkt sie fest und läßt sie an einer langen Schnur in das tiefe Wasser hinunter. Läßt man sie weit genug hinunter, so wird der Druck des Wassers außerhalb so stark, daß er den Kork in die Flasche treibt, und wenn man sie dann wieder herauszieht, so findet man, daß die Flasche voll Wasser ist und der Kork darin liegt.

24. Der Auftrieb des Wassers.

Wir wollen nun versuchen, uns eine klare Vorstellung von dem Auftrieb zu verschaffen und dazu ein paar Versuche machen.

Versuch 18. — Wir nehmen unsere Wage, von der wir vorhin (Seite 16) gesprochen haben, und machen sie zum Wägen zurecht. Hier haben wir eine Substanz, die 100 Gramm wiegt, wenn wir sie in der Luft wägen. Wir wollen jetzt die Substanz an die rechte Schale der Wage hängen und im Wasser wägen. Was ist die Folge? Wir finden, daß sie jetzt überhaupt gar kein Gewicht zu haben scheint, und müssen auf die rechte Schale 100 Gramm oder das ganze Gewicht der Substanz legen, um diese Schale der anderen an Gewicht gleich zu machen.

Versuch 19. — Haben wir uns nun vorzustellen, daß diese Substanz im Wasser ihr Gewicht ganz und gar verliert? Wir wollen durch ein Experiment versuchen, ob dies der Fall ist oder nicht. Zuerst stellen wir ein mit Wasser gefülltes Gefäß auf die eine Schale der Wage und bringen es ins Gleichgewicht, indem wir Gewichtsstücke in die andere Schale legen. Dann lassen wir die Substanz, die 100 Gramm wiegt, in das Wasser fallen. Was erfolgt? Die Schale mit dem Wasser, in dem die Substanz liegt, ist jetzt viel zu schwer, und wir müssen 100 Gramm in die andere legen, um das Gleichgewicht wieder herzustellen. Das ist aber gerade das Gewicht der Substanz; also sehen wir, daß sie in Wirklichkeit ihr Gewicht nicht verliert. Das Gewicht ist noch vorhanden, d. h. das Gefäß mit der Substanz ist 100 Gramm schwerer als ohne sie, aber dieser Substanz selbst ist scheinbar das Gewicht genommen durch den Auftrieb des Wassers, der wie ein Druck nach oben wirkt.

Versuch 20. — Jetzt nehmen wir einen messingenen Zylinder (Fig. 12), der genau in eine metallene Hülse paßt. Wir wollen ihn herausnehmen, ihn sowohl wie die Röhre an dem Haken befestigen, der sich unten an der rechten Wagschale befindet, und dann in die andere Schale Gewichte legen, so daß Gleichgewicht vorhanden ist. Dann wollen wir den Zylinder nicht in der Luft sondern im Wasser wägen, indem wir ein Gefäß mit Wasser unter die rechte Wagschale stellen, so daß der Zylinder ganz in das

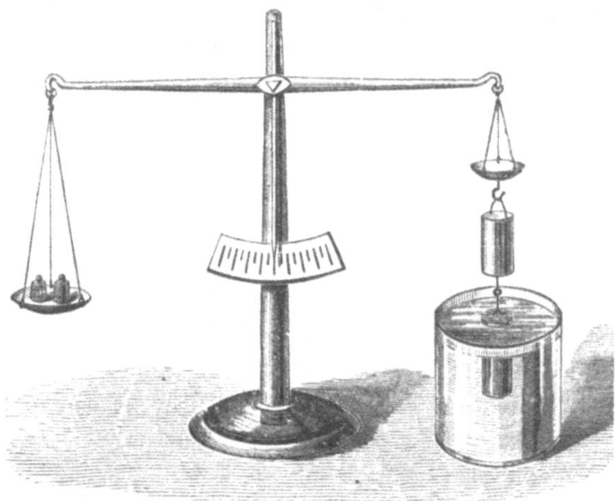

Fig. 12.

Wasser eingetaucht ist. Die rechte Wagschale ist nun zu leicht. Der Messingzylinder hat nämlich dadurch, daß er im Wasser gewogen wurde, einen Teil seines Gewichtes, wenn auch nicht das ganze, verloren. Um zu sehen, wie viel Gewicht er verloren hat, gießen wir Wasser in die leere Hülse, die unter der Schale hängt, bis die beiden Schalen sich wieder das Gleichgewicht halten. Dabei finden wir, daß dies gerade dann eintritt, oder daß der Gewichtsverlust gerade dann wieder eingebracht ist, wenn die Hülse ganz mit Wasser gefüllt ist. Der Messingzylinder paßte aber genau in die Hülse, so daß die Masse des zugegossenen Wassers (d. h. die Hülse voll), das den Verlust an Gewicht wieder einbrachte, genau dem Rauminhalt des Zylinders gleichkommt. Hieraus entnehmen wir, daß der Messingzylinder, als er im Wasser gewogen wurde, einen scheinbaren Gewichtsverlust erlitt gleich dem Gewichte des Wassers, das er verdrängte. Wir können dies auf jeden anderen Gegenstand ausdehnen und sagen: ein Gegenstand, der im Wasser gewogen wird, erleidet einen Gewichtsverlust, der genau dem Gewichte einer Wassermasse von dem Rauminhalt des Gegenstandes gleich ist.

25. Das Schwimmen.

Sehen wir nun zu, was daraus folgt. Ein Körper, wie der Messingzylinder, der Raumteil für Raumteil schwerer als Wasser ist, werde in Wasser eingetaucht. Er erleidet einen Gewichtsverlust, der ebenso groß ist wie das Gewicht seines eigenen Rauminhalts an Wasser; da er aber Raumteil für Raumteil schwerer als Wasser ist, so scheint er nicht sein ganzes Gewicht zu verlieren; er fällt daher auf den Boden, weil er noch Gewicht hat.

Versuch 21. — Wenn aber der Körper Raumteil für Raumteil dasselbe Gewicht wie Wasser hat, wie im Versuch 18, so verliert er im Wasser sein ganzes Gewicht und sinkt nicht unter. Wenn ich einen solchen Körper ins Wasser tauche, so sinkt er weder unter, noch schwimmt er obenauf, sondern er bewegt sich überall hin, gerade als ob er gar kein Gewicht hätte.

Was erfolgt aber, wenn der Körper Raumteil für Raumteil leichter ist als Wasser? Wie kann er mehr als sein eigenes Gewicht verlieren? können wir fragen. Was in einem solchen Falle geschieht, wollen wir durch einen Versuch erläutern.

Versuch 22. — Wir nehmen ein Stück Holz, das Raumteil für Raumteil leichter ist als Wasser, und drücken es unter die Oberfläche des Wassers; aber wir finden, daß der Druck nach oben, der durch den Auftrieb des Wassers verursacht wird, größer ist als das Gewicht des Körpers, so daß dieser in die Höhe getrieben wird und auf der Oberfläche schwimmt. Als das Ergebnis aller dieser Versuche können wir feststellen: erstens, daß jeder ins Wasser getauchte Körper so viel leichter zu werden scheint, als das Gewicht seines eigenen Volumens oder Rauminhalts an Wasser beträgt; zweitens, daß infolge hiervon der Körper untersinkt, wenn er Raumteil für Raumteil schwerer ist als Wasser; daß er weder untersinkt noch obenauf schwimmt, wenn er Raumteil für Raumteil dasselbe Gewicht wie Wasser hat; daß er endlich obenauf schwimmt, wenn er Raumteil für Raumteil leichter als Wasser ist.

26. Das spezifische Gewicht.

Diese Tatsachen liefern uns nun eine Methode, durch die wir ermitteln können, wie viel ein Körper Raumteil für Raumteil schwerer als Wasser ist.

Versuch 23. — Angenommen, wir hätten ein

kleines Stück Gold, das in der Luft gerade 19 Dezigramm wiegt; das ist sein Gewicht. Würden wir es jetzt im Wasser wägen, so würden wir finden, daß es nur noch 18 Dezigramm wiegt, und daraus schließen, daß es 1 Dezigramm an Gewicht verloren hat. Dieser Verlust ist gleich dem Gewicht seines eigenen Volumens an Wasser, und dieses Gewicht beträgt also ein Dezigramm. Das Gold selbst wiegt 19 Dezigramm, also wiegt es 19 mal soviel wie eine Wassermasse, die ebensoviel Raum einnimmt wie das Gold. Dies wollen wir nun ausdrücken, wenn wir sagen, daß das spezifische Gewicht des Goldes 19 ist. Welches auch die Größe oder Form des Goldstückes, das wir anwenden, sein mag, wir erhalten immer dasselbe Ergebnis. Wenn uns aber anderseits jemand etwas in die Hand gäbe, das nicht wirklich Gold sondern nur ihm ähnlich wäre, so würden wir durch Wägen des Gegenstandes im Wasser sicher finden, daß er nicht 19mal schwerer als sein eigenes Volumen an Wasser ist. Diese Methode, das spezifische Gewicht oder die relative Dichtigkeit der Körper zu finden, wurde vor mehr als 2000 Jahren von einem Gelehrten mit Namen Archimedes entdeckt. Hiero, König von Syrakus, besaß eine goldene Krone und hatte Ursache zu glauben, daß der Goldschmied das Gold mit Silber vermischt habe, aber er konnte kein Mittel ersinnen, um dieses zu beweisen. Da wandte er sich in seiner Not an Archimedes. Diesem fiel die richtige Art, es herauszufinden, eines Tages ein, als er ausgegangen war, um ein Bad zu nehmen, und man erzählt, daß er sofort ganz nackt aus dem Bade gelaufen sei und gerufen habe: „Heureka! Heureka!“ was bedeutet: „Ich habs gefunden! Ich habs gefunden!“ Dann ging er nach Hause und nahm ein Stück Gold, von dem er wußte, daß es rein war, wog es im Wasser und fand, daß es 1/19 seines ganzen Gewichtes verlor, woraus er schloß, wie wir es getan haben, daß reines Gold Raumteil für Raumteil 19 mal schwerer ist als Wasser. Hernach nahm er Hieros Krone, aber er fand, als er sie im Wasser wog, daß sie mehr als 1/19 ihres ganzen Gewichts verlor, woraus er schloß, daß sie nicht aus reinem Gold gemacht sei; und sicherlich ist der Goldschmied für seinen Diebstahl gehörig bestraft worden.

27. Der Auftrieb anderer Flüssigkeiten.

Außer Wasser haben auch andere Flüssigkeiten Auftrieb, und zwar hat jede Flüssigkeit einen besonderen, ihr eigenen Auftrieb. Eine sehr leichte Flüssigkeit, wie Alkohol oder Äther, hat verhältnismäßig wenig, eine sehr schwere Flüssigkeit, wie Quecksilber, hingegen sehr viel Auftrieb. Um uns hiervon zu überzeugen, brauchen wir nur etwas Quecksilber in ein Gefäß zu gießen und auf seine Oberfläche ein Stück Eisen zu legen; wir sehen, daß das Eisen schwimmt, ein Beweis, daß es Raumteil für Raumteil leichter als Quecksilber ist. Gold hingegen ist schwerer als Quecksilber; nämlich Quecksilber ist Raumteil für Raumteil 13 1/2 mal so schwer als Wasser, und Gold ist, wie wir gelernt haben, Raumteil für Raumteil 19 mal so schwer.

Salzwasser ist etwas schwerer als süßes; in Palästina ist ein Binnensee, genannt das „Tote Meer“, so salzig und infolgedessen so schwer, daß ein Mensch darin nicht untersinken kann.

28. Die Kapillarität.

Ehe wir die Flüssigkeiten verlassen, ist noch ein sehr bekannter Fall zu erwähnen, in welchem Wasser über sein Niveau steigt.

Versuch 24. — Wenn wir ein Stück Zucker über die Wasserfläche in einem Gefäß halten, so daß sein unteres Ende die Oberfläche berührt, so wird bald das ganze Stück naß sein. Wenn wir in gleicher Weise einen Streifen Löschpapier oder einen Baumwollendocht ins Wasser tauchen, so können wir dieses hierdurch über sein Niveau erheben.

Wenn wir aber mit dem unteren Ende des Zuckers oder des Löschpapierstreifens eine Quecksilberfläche berühren, so steigt das Quecksilber nicht auf in den Zucker oder das Löschpapier. Diese beiden Flüssigkeiten, Wasser und Quecksilber, verhalten sich also verschieden gegen das Stück Zucker oder den Streifen Löschpapier. Einerseits sehen wir, daß das Wasser in sie steigt und nicht nur hineinsteigt, sondern auch in ihnen bleibt; anderseits, daß das Quecksilber nicht hineinsteigt und sie nicht benetzt. Quecksilber wird nämlich von Zucker nicht hinreichend angezogen, um hineinzusteigen; nichtsdestoweniger haftet es an einer Silber- oder Goldfläche, weil diese Metalle eine sehr starke Anziehung auf das Quecksilber ausüben.

Die Eigenschaften der Gase.

29. Der Luftdruck.

Die Gase haben in manchen Punkten Ähnlichkeit mit den Flüssigkeiten, aber in anderer Hinsicht sind beide sehr verschieden. Eine Flüssigkeit hat eine freie Oberfläche, so daß man eine Flasche halb mit einer Flüssigkeit füllen und diese gegen die Seitenwände der Flasche schütteln kann; das kann man aber nicht mit einem Gase tun. Füllt man z. B. eine Blase mit Gas, so verbreitet sich das Gas in der ganzen Blase, und nicht nur in einem Teil. Ein Gas hat nämlich das Bestreben, jeden leeren Raum, der noch nicht ausgefüllt ist, auszufüllen und äußert dieses Bestreben in sehr kräftiger Weise.

Versuch 25. — Das läßt sich durch einen sehr einfachen Versuch leicht beweisen. Wir brauchen dazu die Luftpumpe, die später erklärt wird; vorläufig sei gesagt, daß wir vermittelst dieser Luftpumpe aus ihrer Glasglocke die darin enthaltene atmosphärische Luft entfernen können. Unter die Glasglocke legen wir nun einen mit Luft gefüllten Kautschukballon. Jetzt wollen wir die Glasglocke auspumpen, d. h. die Luft herausziehen. Was ist die Folge? In dem Kautschukballon ist Luft, rund herum aber keine, infolgedessen sucht die Luft in dem leeren Ballon den leeren Raum auszufüllen, aber sie kann es nur dadurch, daß sie den Ballon vergrößert, und wir sehen, daß der Ballon immer größer wird, je länger wir das Auspumpen fortsetzen. Dann lassen wir die Luft wieder ein, und der Ballon nimmt seine frühere Größe wieder an.

Versuch 26. — Wir können den Versuch in folgender Weise verändern. Man stellt auf den Teller der Luftpumpe ein Gefäß, dessen obere Öffnung mit einem Stück Kautschuk bedeckt ist, das fest um den Rand gebunden ist. Wir pumpen nun das Gefäß, wie vorher die Glocke, aus und finden, daß, während wir die Luft aus dem Innern des Gefäßes herausziehen, die äußere Luft in den leeren Raum einzudringen sucht und dadurch die Kautschukplatte eindrückt, so daß vielleicht vor Beendigung des Versuches der Druck groß genug wird, um das Kautschuk zu zersprengen.

Fig. 13.

30. Das Gewicht der Luft.

Wir sehen also, daß die Luft, wenn sie irgend kann, in jeden leeren Raum eindringt, und aus diesem Grunde ist es sehr schwer, alle Luft aus einem Gefäß herauszuschaffen. Wir können aber den größten Teil der Luft aus einem Gefäße entfernen. Fig. 14 z. B. zeigt ein Gefäß, das wir an der Luftpumpe befestigen und dem wir hierdurch die Luft entziehen können. Tun wir dies, so finden wir, daß das Gefäß voll Luft schwerer wiegt als das leere Gefäß, oder mit anderen Worten, daß die Luft Gewicht hat.

Fig. 14.

Versuch 27. — Wir wollen jetzt ein leichtes offenes Gefäß mit dem Boden nach unten an dem einen Arm der Wage aufhängen und sein Gewicht bestimmen. Dies, können wir sagen, ist das Gewicht des mit atmosphärischer Luft gefüllten Gefäßes.

Versuch 28. — Während dieses leichte Gefäß im Gleichgewicht hängt, wollen wir es durch Verdrängung (siehe Anhang) mit einem schweren Gas, das Kohlensäure heißt, füllen; die Zubereitung davon ist in der Chemie gelehrt worden. Wir sehen, daß der Zeiger sich verschiebt und zwar anzeigt, daß das Gefäß jetzt mehr wiegt, als da es mit gewöhnlicher Luft gefüllt war; also sind einige Gase schwerer als andere.

Versuch 29. — Der Wasserstoff ist das leichteste aller Gase; wir wollen das Gefäß mit dem Boden nach oben an der Wage befestigen und es, nachdem es ins Gleichgewicht gesetzt worden, durch Verdrängung (siehe Anhang) mit Wasserstoff füllen, dessen Zubereitung wir aus der Chemie kennen. Jetzt wird der Zeiger nach der entgegengesetzten Richtung verschoben, woraus wir sehen, daß das Gefäß weniger wiegt, als da es mit Luft gefüllt war, wenn auch nicht so wenig, als wenn nichts darin wäre. Obgleich also die Teilchen der Gase sich gegenseitig abstoßen, indem sie ja suchen, sich so weit wie möglich voneinander zu entfernen, und immer das ganze Gefäß, welches sie enthält, ausfüllen, so werden sie doch von der Erde angezogen und haben Gewicht; daher ist auch keine Gefahr vorhanden, daß unsere Atmosphäre die Erde verließe. Im Gegenteil ruht die Atmosphäre auf der Erde wie eine Art Meer, und auf dem Grunde dieses Luftmeeres leben und bewegen sich die Menschen. Was nun Druck und Gewicht betrifft, so ist ein Luftmeer einem Wassermeer sehr ähnlich, und, wie wir schon gelernt haben (Seite 30), hängt der Druck des Wassers auf den Boden eines Gefäßes von der Tiefe des Wassers ab, so daß bei großer Tiefe der Druck groß ist, und außerdem wird dieser Druck nach allen Richtungen hin ausgeübt.

Wenn wir nun hören, daß wir einen großen Luftdruck auf uns haben, so fragen wir natürlich: woher kommt es denn, daß wir diesen Druck nicht fühlen? Wir antworten: einfach daher, daß der Druck nach allen Richtungen hin ausgeübt wird, aufwärts wie abwärts und seitwärts. Nehmen wir einen Bogen Papier: der Luftdruck wirkt nicht nur auf die obere Seite des Bogens und drückt ihn nieder, sondern gerade so stark auf die untere Seite des Bogens und drückt ihn hinauf, und infolgedessen kann sich der Bogen Papier gerade so frei umherbewegen, wie wenn überhaupt kein Druck des atmosphärischen Meeres auf ihm läge. Aus demselben Grunde können wir selbst frei umherwandeln und fühlen den Druck nicht. Wir

Fig. 15.

können aber durch einen einfachen Versuch den Luftdruck sehr merklich machen.

Versuch 30. — Fig. 15 stellt zwei hohle Halbkugeln dar, die genau aufeinander passen. Wir wollen sie aufeinander drücken und den Hahn schließen. Nun könnte jemand fragen: warum hält der Luftdruck sie nicht fest zusammen? Der Grund davon ist, daß sich auch Luft in ihnen befindet, und diese Luft gerade so stark nach außen drückt, wie die Luft außerhalb nach innen drückt. Wir wollen aber nun diese beiden Halbkugeln an die Luftpumpe ansetzen und die Luft auspumpen; wenn dies geschehen, wollen wir den Hahn schließen und die Halbkugeln von der Pumpe abnehmen. Jetzt finden wir, daß es sehr schwer ist, die beiden Halbkugeln auseinander zu reißen, weil die äußere Luft sie zusammendrückt und keine innere Luft diesem Druck entgegenwirkt; infolgedessen werden sie fest zusammengehalten. Dieser Versuch rührt von Otto von Guericke her.

Da Luft nun eine Flüssigkeit ist und Gewicht hat, so hat sie auch einen gewissen Auftrieb, wenn auch lange nicht so viel wie Wasser. Wenn also ein großer Beutel mit Leuchtgas oder, noch besser, mit Wasserstoff gefüllt ist, wird er Raumteil für Raumteil leichter sein als Luft und daher in ihr aufsteigen. Solch einen Beutel nennt man einen Ballon; wenn er groß genug ist, kann er auch ein kleines Schiff mit mehreren Menschen tragen.

31. Das Barometer.

Versuch 31. — Wir nehmen eine Glasröhre, die an dem einen Ende offen und an dem andern verschlossen ist, füllen sie mit Quecksilber und tauchen sie, indem wir den Finger fest gegen das offene Ende halten, umgekehrt in ein Glasgefäß, das auch Quecksilber enthält; wir müssen aber wohl acht geben, daß wir den Finger nicht eher von dem offenen Ende wegziehen, als bis es unter der Oberfläche des Quecksilbers in dem Gefäß ist.

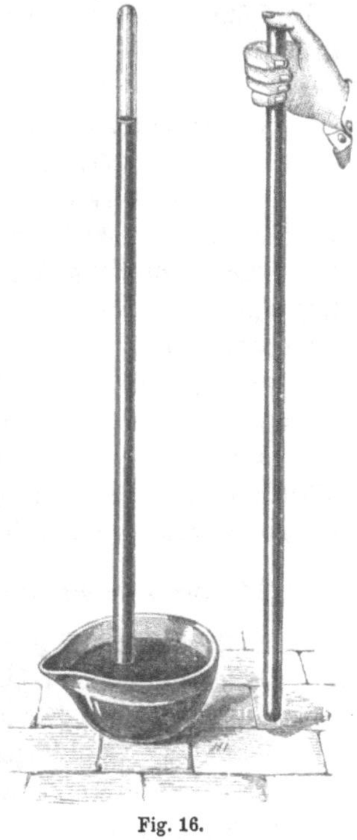

Fig. 16.

Hier sehen wir (Fig. 16) die so umgekehrte Röhre aufrecht in dem Gefäß mit Quecksilber stehen. Wir bemerken dabei, daß an dem oberen Ende der aufrechten Röhre ein durchsichtiger Raum geblieben ist und könnten daher auf den ersten Blick denken, wir hätten etwas Luft eingelassen; das ist aber nicht der Fall: es ist gar nichts in diesem durchsichtigen Raum. Warum treibt ferner die atmosphärische Luft, die ja nach allen Richtungen hin und daher auch auf die Oberfläche des Quecksilbers in dem Gefäße drückt, nicht das Quecksilber in die Höhe, so daß es den leeren Raum ausfüllt? Wir antworten:

sie würde es tun, wenn sie könnte; sie drückt aufwärts gegen die Oberfläche des Quecksilbers in dem Gefäß mit einer Kraft, die hinreicht, um eine 76 Zentimeter hohe Säule von schwerem Quecksilber in der Röhre zu halten; aber mehr kann sie nicht tragen. Das abwärts drückende Gewicht dieses Quecksilbers hält genau dem aufwärts drückenden Luftdruck das Gleichgewicht, daher kann einerseits die Quecksilbersäule sich nicht abwärts bewegen, anderseits aber der Luftdruck die Säule nicht in die Höhe treiben, wir haben alse einen leeren Raum über der Säule. Dieser Versuch wurde von einem Italiener namens Torricelli erfunden; man nennt die Röhre ein Barometer und den leeren Raum am oberen Ende die Torricellische Leere. Die meisten Barometer sind mit einer Millimeterskala versehen, an der man die Höhe der Quecksilberkuppe in der Röhre über der Quecksilberoberfläche in dem Behälter genau messen kann.

32. Die Anwendungen des Barometers.

Das Barometer ist zu vielen Dingen brauchbar; z. B. können wir damit die Höhe eines Berges bestimmen. Wir haben schon gelernt (Seite 30), daß der Druck am Boden eines tiefen Wasserbehälters größer ist als nahe an der Oberfläche; dasselbe ist nun der Fall bei unserem Luftmeer, in dem wir leben, nämlich der Druck ist größer nahe am Grunde dieses Luftmeeres als weiter oben in der Höhe. Wenn wir also auf den Gipfel eines Berges steigen, haben wir ein kleineres Luftgewicht über uns, als solange wir unten waren, folglich ist der Luftdruck auf dem Gipfel des Berges kleiner als an seinem Fuße. Die Luft ist daselbst nicht imstande, derselben Quecksilbersäule, wie am Fuße, das Gleichgewicht zu halten, so daß wir in dem Barometer statt einer Quecksilbersäule von 76 Zentimetern nur eine von 60 oder gar 50 Zentimetern haben, je nach der Höhe des Berges. Denn das Quecksilber in der Röhre des Barometers wird um so tiefer fallen, je höher wir in der Luft aufsteigen, und so können wir durch das Barometer bestimmen, bis zu welcher Höhe wir gekommen sind.

Das Barometer ist auch dadurch nützlich, daß es uns anzeigt, wann schlechtes Wetter im Anzuge ist. Wenn das Barometer fällt, d. h. wenn die Kuppe der Quecksilbersäule in der Röhre herabsinkt, besonders, wenn sie schnell fällt, haben wir schlechtes Wetter zu erwarten. Wenn hingegen das Quecksilber beständig an einer hohen Stelle steht, können wir fortdauernd gutes Wetter erwarten.

33. Die Luftpumpe.

Wir haben schon davon gesprochen, daß man die Luft aus einem Gefäße entfernen kann, und daß dies durch die Luftpumpe geschieht. Wie diese Maschine arbeitet, sehen wir auf der Abbildung. Vor allem müssen wir uns klar machen, was man unter einem Ventil versteht. Ein Ventil ist eine festschließende Falltür, die ein Loch schließt und sich nur nach einer Seite, z. B. nach oben hin öffnet. Man sieht zuweilen in Fußböden Falltüren, die sich nach oben öffnen. Auf der Abbildung befindet sich links eine mit Luft gefüllte Glasglocke, die fest auf einen Teller paßt.

Von der Mitte des Tellers geht eine Röhre aus, die sich in die links befindliche Glasglocke und in den rechts befindlichen Zylinder öffnet und so die beiden verbindet. Wir sehen auch einen Kolben oder Stempel, der sich in dem Zylinder auf- und niederbewegen läßt. Endlich sehen wir zwei Ventile oder kleine festschließende Falltüren, von denen die eine da angebracht ist, wo die Röhre in den Boden des Zylinders eintritt, während die andere sich in dem Kolben selbst befindet. Beide Ventile öffnen sich nach oben und nicht nach unten.

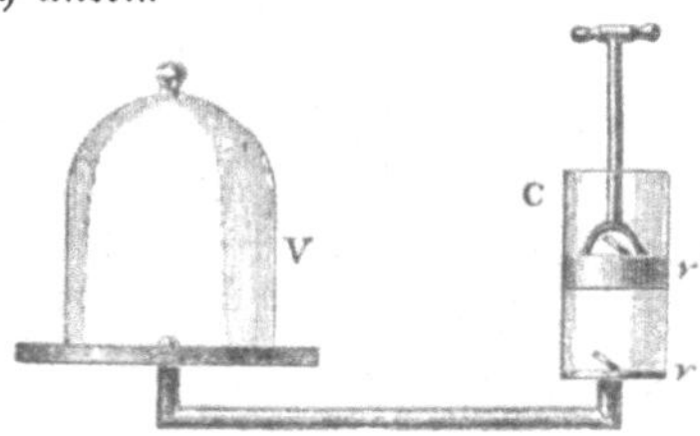

Fig. 17.

Es möge nun zunächst der Kolben sich auf dem Boden des Zylinders befinden, und die Ventile mögen geschlossen sein. Jetzt ziehen wir den Kolben in die Höhe; dadurch schaffen wir einen leeren Raum, den die Luft von allen Seiten auszufüllen sucht (§ 29). Die Luft von oben sucht in den Raum einzudringen, aber sie kann es nicht, sondern kann nur gegen die Außenseite des oberen Ventils drücken und es fest verschlossen halten, weil das Ventil sich nicht nach unten öffnet. Der Luft aus der Glasglocke gelingt es besser: sie stürzt durch die Röhre, drückt das untere Ventil, das sich nach oben öffnet, auf und gelangt in den leeren

Raum. Nehmen wir nun an, wir hätten den Kolben bis an den oberen Rand des Zylinders gebracht und fingen jetzt an, ihn hinunterzudrücken. Den Druck, den wir auf den Kolben ausüben, übt der Kolben auf die Luft aus, und die Luft ihrerseits teilt ihn dem unteren Ventil mit und hält es dadurch verschlossen. Anders geht es dem oberen Ventil, denn die innere Luft drückt es auf. Wenn wir nun fortfahren, den Kolben niederzudrücken, so wird dadurch alle Luft, die unter ihm im Zylinder war, durch das obere Ventil oder die Falltür ausgetrieben. Aber diese von uns ausgetriebene Luft war ein Teil von der Luft, die ursprünglich in der Glasglocke war, so daß es uns durch den ersten doppelten Kolbenhub oder das Auf- und Niederbewegen des Kolbens gelungen ist, einen Teil der Luft aus der Glocke auszutreiben. Wir wollen nun dasselbe Verfahren wiederholen, d. h. den Kolben wieder heben, dann wird die Luft von oben das obere Ventil wieder schließen, die Luft aus der Glasglocke wird die Röhre entlang strömen, das untere Ventil aufdrücken und den leeren Raum ausfüllen, den wir dadurch geschaffen haben, daß wir den Kolben hoben; und wenn nun der Kolben wieder abwärts bewegt wird, so bleibt das untere Ventil geschlossen, die innere Luft drückt das obere Ventil auf und dringt heraus; so entfernen wir durch jeden doppelten Kolbenhub einen Teil der Luft aus der Glasglocke. Natürlich ist es für das Spiel der Pumpe unumgänglich notwendig, daß der Kolben ganz genau in den Zylinder paßt; denn wenn das nicht der Fall wäre, würde die Luft von außen hineindringen, und es würde uns nicht gelingen, die Luft von innen herauszuschaffen. In der beschriebenen Weise arbeitet die Luftpumpe; aber nicht jede Luftpumpe sieht genau so aus wie die Abbildung. Nichtsdestoweniger ist das Prinzip bei allen Luftpumpen dasselbe, so verschieden sie auch ihrem Aussehen nach sein mögen.

34. Die Wasserpumpe.

Nachdem wir über die Luftpumpe gesprochen haben, wollen wir einen Augenblick zum Barometer zurückkehren. Wir haben gesehen, daß der Luftdruck gerade groß genug ist, um eine 76 Zentimeter hohe Quecksilbersäule zu tragen. Wasser ist aber Raumteil für Raumteil viel leichter als Quecksilber, daher können wir erwarten, daß der Luftdruck eine Wassersäule trägt, die viel höher als 76 Zentimeter ist. Er trägt in der Tat eine über 10 Meter hohe Wassersäule. Hiernach werden wir imstande sein, die Tätigkeit einer gewöhnlichen Pumpe zu begreifen. Die Figur auf dieser Seite gibt eine Skizze von dem Innern einer solchen Pumpe. Unten haben wir den Wasserbehälter, aus dem wir das Wasser heraufpumpen wollen, und eine Röhre, die aus diesem Behälter in den Stiefel der Pumpe hinaufführt. In diesem Stiefel sehen wir einen Kolben, der genau hinein paßt, und in dem Kolben ein Ventil, das

Fig. 18.

sich nach oben öffnet; außerdem auf dem Boden des Stiefels ein anderes Ventil, das sich auch nach oben öffnet. Der Stiefel der Wasserpumpe ist demnach sehr ähnlich dem der Luftpumpe. Wir wollen auch hier wieder mit der Voraussetzung anfangen, daß der Kolben auf dem Boden des Stiefels liegt. Nun ziehen wir den Kolben in die Höhe; gerade wie bei der Luftpumpe drückt die Luft von oben das obere Ventil zu und hält es verschlossen, die Luft aus der Röhre steigt durch das untere Ventil in die Höhe und füllt den leeren Raum aus, der durch das Emporziehen des Kolbens entstand. Wenn wir nun den Kolben wieder abwärts bewegen, wird gerade wie bei der Luftpumpe das untere Ventil geschlossen; das Ventil in dem Kolben öffnet sich und läßt etwas Luft heraus. Wir pumpen nämlich jetzt die Luft aus dem Stiefel und der Röhre. Was aber tut indessen das Wasser in dem Behälter? die Luft von außen drückt fortwährend auf die Oberfläche des Wassers in dem Behälter; da wir aber Luft aus der Röhre entfernt haben, wird diesem Druck der äußeren Luft nicht mehr das Gleichgewicht gehalten durch den Druck der Luft in der Röhre; die äußere Luft findet keinen Widerstand und treibt daher das Wasser die Röhre hinauf, bis zuletzt, nach Entfernung aller Luft, die ganze Röhre mit Wasser gefüllt ist. Dieses Wasser tritt dann durch das untere Ventil in den Stiefel der Pumpe.

Es würde aber dieses alles nicht stattfinden, wenn die Entfernung zwischen der Wasseroberfläche in dem Behälter und dem unteren Ventil mehr als etwa 10 Meter betrüge; denn, wie eben bemerkt, der Luftdruck kann nur eine 10 Meter hohe Wassersäule tragen und keine höhere. Beträgt daher die Entfernung zwischen der Oberfläche des Behälters und dem Stiefel der Pumpe mehr als 10 Meter, so tritt das Wasser nicht mehr in den Pumpenstiefel, und trotz aller Versuche gelingt es uns nicht, das Wasser ganz bis in den Stiefel heraufzuschaffen. Wenn aber die Entfernung nicht größer als etwa 7—8 Meter ist, so wird die Pumpe gut arbeiten, und wir können das Wasser in den Stiefel bringen. Gesetzt nun, der Stiefel ist voll Wasser, und wir drücken den Kolben wieder nieder, so wird der Druck, den wir auf den Kolben ausüben, durch das Wasser dem unteren Ventile mitgeteilt, und dieses bleibt geschlossen. Ferner wird durch den Druck des Wassers das obere Ventil, das sich nach oben öffnet, aufgedrückt und das Wasser tritt über den Kolben. Wenn wir daher den Kolben wieder heraufziehen, so ziehen wir das Wasser mit herauf, und es entleert sich durch das Ausflußrohr. Bei jedem neuen Zug wird von nun an das Wasser aus dem Ausflußrohr fließen.

Versuch 32. — Um mit eigenen Augen sehen zu können, was in einer gewöhnlichen Pumpe vorgeht, muß man ein Modell nehmen, bei dem der Pumpenstiefel von Glas ist, so daß man hineinsehen kann. Dann sieht man, daß, wenn der Kolben heraufgezogen wird, das obere Ventil sich schließt und das untere sich öffnet, während, wenn er hinuntergeht, das untere Ventil sich schließt und das obere sich öffnet. Es versteht sich von selbst, daß der Kolben fest in den Stiefel der Pumpe passen muß, sonst würde die Luft von oben hineindringen und die Wirkung aufheben. Wird eine

Pumpe nicht viel gebraucht, so wird bisweilen das Leder oder die sonstige Bekleidung des Kolbens trocken, und die Pumpe arbeitet nicht. Bringt man in diesem Fall etwas Wasser auf den Kolben, so wird dadurch die Bekleidung angefeuchtet und wieder dicht.

35. Der Heber.

Ehe wir diesen Gegenstand verlassen, haben wir noch einen Apparat kennen zu lernen, den man Heber

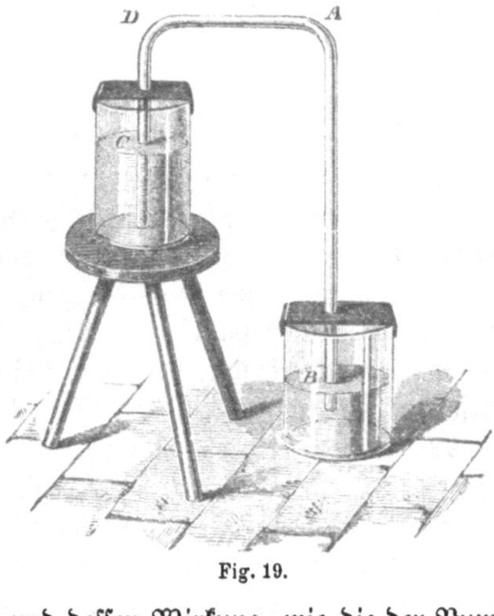

Fig. 19.

nennt, und dessen Wirkung, wie die der Pumpe, auf dem Luftdruck beruht. Wir sehen den Heber auf der Abbildung vor uns; er wird dazu benutzt, Flüssigkeiten aus einem höher stehenden Gefäße in ein tieferes zu schaffen. Zuerst kehren wir die Röhre um und füllen sie ganz mit Wasser, wobei wir den Finger vor das Ende der kürzeren Röhre halten. Dann bringen wir das kürzere Ende unter die Oberfläche des Wassers in dem höheren Gefäße, wie die Abbildung zeigt, und ziehen den Finger fort. Sobald wir dieses getan haben, wird das Wasser in einem beständigen Strome aus der Öffnung der längeren Röhre in das untere Gefäß fließen; wir können auf diese Weise das Wasser aus dem höheren Gefäße gänzlich in das tiefere leiten; vorausgesetzt, daß das kurze Rohr des Hebers lang genug ist, um auf den Boden des höheren Gefäßes zu reichen.

Bewegte Körper.

36. Erklärung der Energie.

Wir haben schon (Seite 1) von den verschiedenen Zuständen der Körper gesprochen und gezeigt, daß eine bewegte Kanonenkugel ein ganz anderes Ding ist als eine ruhende, und eine heiße ein ganz anderes Ding als eine kalte; wir haben auch erwähnt, daß es einer unserer Hauptzwecke in diesem Büchlein ist, etwas über diese wechselnden Zustände der Materie zu ermitteln. Wir konnten damit nicht anfangen, weil wir erst die Körper selbst kennen lernen mußten; doch wissen wissen wir jetzt einigermaßen Bescheid über feste Körper, Flüssigkeiten und Gase; darum ist es jetzt an der Zeit, daß wir etwas über die wechselnden Zustände der Körper lernen. Wir haben gesehen, daß Körper zuweilen voll von Energie sind, wie z. B. eine in Bewegung befindliche Kanonenkugel, und zuweilen gänzlich gleichgültig und ohne Energie, wie z. B. eine ruhende Kanonenkugel. In den folgenden Abschnitten ist es unsere Aufgabe, die wichtigsten Fälle zu studieren, in denen ein Körper voll von Energie ist. Dies findet statt, wenn ein Körper in fortschreitender Bewegung, in schneller Schwingung, erwärmt oder elektrisiert ist; darum wollen wir die Energie unter diesen vier Abteilungen betrachten. Wir beschäftigen uns zunächst mit Körpern, die in fortschreitender Bewegung sind, und versuchen unter dieser Überschrift einen Begriff von der Wirkungsweise solcher Körper zu geben; dann wollen wir von den Körpern reden, die sich in Schwingung befinden, wie z. B. eine tönende Saite oder Glocke, und in diesem Abschnitt uns über den Schall unterrichten. Dann werden wir uns mit den erwärmten Körpern beschäftigen und dabei das Wesen des Lichtes und der Wärme kennen lernen, und zuletzt behandeln wir in dem Kapitel über die elektrisierten Körper das geheimnisvolle Ding, das man Elektrizität nennt. Wir sind nicht imstande, in diesem Buche eine irgendwie vollständige Auseinandersetzung über die verschiedenen Zustände der Körper zu geben oder über die verschiedenen Arten von Energie, die sie besitzen können. Das muß für eine höhere Stufe des Studiums aufgespart werden; wir können nur einen Umriß des Gegenstandes geben und zugleich darauf aufmerksam machen, daß dieser von sehr großer Wichtigkeit ist.

37. Erklärung der Arbeit.

Wenn wir sagen, daß ein Mensch Energie besitzt, so meinen wir, daß er die Fähigkeit besitzt, Arbeit zu leisten, und wenn wir sagen, daß ein Ding Energie besitzt, so meinen wir ebenfalls, daß es die Fähigkeit besitzt, Arbeit zu leisten. In der Tat messen wir die

Energie eines Körpers durch den Betrag von Arbeit, den er leisten kann, bis seine Energie vollständig verbraucht ist. Wenn wir ein Kilogramm einen Meter hoch heben, so leisten wir einen gewissen Betrag von Arbeit; wenn wir es aber zwei Meter hoch heben, leisten wir zweimal so viel Arbeit; wenn wir es drei Meter hoch heben, dreimal so viel Arbeit, usw. Wenn wir also die Arbeit, ein Kilogrammgewicht einen Meter hoch zu heben, eins oder ein Kilogrammeter nennen, so müssen wir die Arbeit, es drei Meter zu heben, drei oder drei Kilogrammeter nennen. Ferner ist die Arbeit, zwei Kilogramm auf irgend eine Höhe zu heben, doppelt so groß wie die, ein Kilogramm ebenso hoch zu heben, so daß die Arbeit, zwei Kilogramm drei Meter hoch zu heben, sechs oder sechs Kilogrammeter sein würde. Allgemein: wir multiplizieren die Zahl der gehobenen Kilogramme mit der Zahl der Meter, um die sie gehoben sind, so ist das Produkt die geleistete Arbeit in Kilogrammetern.

Gesetzt, wir richten eine Kanone gerade aufwärts und schießen eine Kugel, die 50 Kilogramm wiegt, mit einer solchen Geschwindigkeit ab, daß sie 400 Meter in die Höhe steigt, ehe sie umkehrt, so können wir gleich sagen, wie viel Energie die Kugel hatte, als sie abgeschossen wurde. Sie hatte Energie genug, um 50 Kilogramm (d. h. sich selbst) 400 Meter hoch zu heben, also hatte sie so viel Energie, daß sie Arbeit leisten konnte gleich 50 × 400 oder 20000 Kilogrammeter. Wenn wir nun eine größere Pulverladung in die Kanone schütten, so bewirken wir dadurch, daß die Kugel mit größerer Geschwindigkeit herausfliegt. Gesetzt, sie kann jetzt 600 Meter hoch steigen, ehe sie umkehrt, dann hat sie Energie, vermöge deren sie Arbeit leisten kann = 50 × 600 oder 30 000 Kilogrammeter. Überhaupt, je größer die Geschwindigkeit ist, mit der eine Kugel abgeschossen wird, desto höher steigt sie, desto mehr Arbeit leistet sie, und desto mehr Energie besitzt sie demgemäß.

38. Arbeit, die durch einen bewegten Körper geleistet wird.

Es liegt nicht im Plane dieses Elementarbuches, ausführlich auf diesen Gegenstand einzugehen, nur soviel sei bemerkt, daß, wenn wir die Geschwindigkeit, mit der ein Körper in die Höhe geschossen wird, verdoppeln, er nicht zweimal, sondern viermal so hoch steigt wie zuvor; daß ebenso, wenn wir seine Geschwindigkeit verdreifachen, er nicht dreimal, sondern dreimal drei oder neunmal so hoch steigt wie zuvor, usw.

Eine Kanonenkugel also, deren Geschwindigkeit doppelt so groß ist wie die einer andern, kann viermal so viel Arbeit leisten als diese. Man kann aber auch auf andere Weise die Arbeit einer Kanonenkugel messen, als dadurch, daß man zusieht, wie hoch sie sich in die Luft erheben kann; wir können sie auf hölzerne Bretter, die hintereinander aufgestellt sind, abfeuern, dabei finden wir wieder, daß eine Kanonenkugel von doppelter Geschwindigkeit durch nahe viermal so viel Bretter geht, eine Kugel von dreifacher Geschwindigkeit durch nahe neunmal so viel, usw.; wir sehen also, daß eine Kugel von doppelter Geschwindigkeit die vierfache zerstörende Wirkung hat wie eine von einfacher Geschwindigkeit; in der Tat, mögen wir die Energie messen, auf welche Weise wir wollen, so wird immer jene Kugel viermal so viel Energie als diese haben.

39. Energie in der Ruhe.

Es ist leicht einzusehen, daß ein lebhaft bewegter Körper das Vermögen besitzt, Arbeit zu leisten. Aber auch ruhende Körper können Energie besitzen, ebenso wie ein Mensch ruhen und dabei doch imstande sein kann, sehr viel Arbeit zu leisten. Angenommen, zwei gleich starke Männer kämpfen miteinander, jeder mit einem Haufen von Steinen, mit denen sie sich werfen: nur steht der eine mit seinem Steinhaufen auf dem Dach eines Hauses, während der andere mit seinem Haufen unten steht. Man braucht nicht erst zu fragen, welcher von den beiden siegen wird, jeder sagt gleich: der Mann auf dem Dache. Wodurch ist nun dieser im Vorteil? Er ist nicht stärker oder energischer als der andere, sein Vorteil liegt also in den Steinen, einfach, weil sein Steinhaufen hoch liegt. Er selbst besitzt nicht mehr Energie als der untenstehende Mann, aber sein Steinhaufen besitzt mehr Energie als der Steinhaufen des unten stehenden Mannes. Wir sehen also, daß die Steine Energie besitzen, die von der hohen Lage herrührt, in welche sie gebracht sind; denn sie sind imstande, Arbeit zu leisten, mag es nun die sehr unnütze Arbeit sein, einen Menschen niederzuwerfen, oder die sehr nützliche Arbeit, einen Pfahl einzutreiben. Stellen wir uns zwei Wassermühlen vor, von denen der einen Wasser durch einen hoch gelegenen Teich geliefert wird, während der andern ein Teich zu Gebote steht, der tiefer liegt als die Mühle. Auf die Frage, welche dieser beiden Mühlen arbeiten wird, antworten wir auf der Stelle: die mit dem hoch liegenden Teiche, weil der Fall des Wassers das Rad treibt. Wir können also sehr viel Arbeit erhalten von einem hoch liegenden Wasserbehälter oder Mühlenteich, und es kann diese Arbeit zu nützlichen Zwecken verwendet werden, wie z. B. zum mahlen oder dreschen, zum drechseln oder sägen. Anderseits kann man gar keine Arbeit von einem tief liegenden Teich erhalten.

Vergleichen wir weiter eine durch einen Mühlenteich getriebene Wassermühle mit einer Windmühle, die vom Wind getrieben wird. Der Wind ist der Kanonenkugel zu vergleichen, wenn er sich auch nicht so schnell bewegt; seine Energie ist die eines Körpers, der in Bewegung ist: er fährt gegen die Flügel der Mühle und dreht sie herum, ebenso wie eine Feder oder ein Strohhalm, den wir während eines starken Sturmes in die Höhe werfen, vom Sturmwind weggetrieben wird. Aber eine Wassermühle hat einen entschiedenen Vorteil vor einer Windmühle; denn bei einer Windmühle müssen wir auf den Wind warten; wenn wir aber eine Wassermühle mit einem guten Mühlenteich haben, so können wir das Wasser absperren und zulassen, wann wir wollen. Wir können unsern Energievorrat aufsparen und etwas davon nehmen, wann wir Lust dazu haben. Die Energie eines bewegten Körpers ist daher wie bares Geld, das wir im Begriff sind, auszugeben, aber die Energie eines Mühlenteiches oder irgend eines hoch liegenden Körpers ist dem Gelde in einer Bank zu vergleichen, das wir holen, so oft wir es brauchen.

Schwingende Körper.

40. Der Schall.

Ein Körper, der seinen Platz verändert, ist natürlich in Bewegung; daraus aber folgt nicht, daß jeder bewegte Körper als Ganzes seinen Platz verändert; ein Kreisel, der sich sehr schnell herumdreht, ist in Bewegung, aber als Ganzes verändert er seinen Platz nicht.

Versuch 33. — Wir nehmen einen Draht, der mit dem einen Ende auf einem Klotz befestigt ist; wenn nun das andere Ende angeschlagen wird, so bewegt er sich sehr schnell hin und her, aber der Draht als Ganzes bleibt an seinem Platz. Die hin- und hergehende Bewegung der Teilchen eines solchen Drahtes nennt man eine Schwingungsbewegung. Auch die Teilchen einer angeschlagenen Glocke, Trommel oder Klaviersaite befinden sich in einer solchen Schwingungsbewegung.

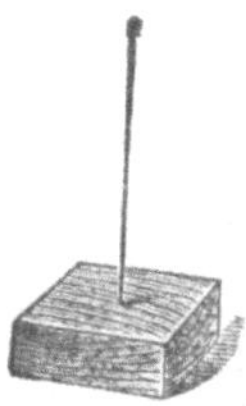

Fig. 20.

Nun stellt eine Schwingungsbewegung, ebenso wie eine Bewegung von Ort zu Ort, Energie dar, und wirklich bewegen sich die Teilchen eines schwingenden Körpers lebhaft von einer Seite zur andern; versuchen wir, sie aufzuhalten, so geben sie uns einen Stoß. Wenn ein Gegenstand auf ihrer Bahn liegt, so geben sie diesem einen Stoß; die atmosphärische Luft liegt auf ihrer Bahn, folglich geben sie dieser einen Stoß. Jedesmal, wenn das Ende dieses schwingenden Drahtes zurückkommt, gibt es der Luft einen Stoß nach derselben Richtung. Ein schwingender Körper gibt in kurzer Zeit der Luft eine Menge kleiner Stöße. Wenn die Luft von solch einem Stoße getroffen wird, so erträgt sie ihn nicht ruhig, sondern stößt die Luft, die ihr zunächst ist, und diese ihrerseits stößt wieder die zunächst befindliche Luft usw., bis der der Luft erteilte Stoß auf eine große Entfernung hin fortgepflanzt ist. Endlich erreicht dieser Stoß unser Ohr, und wir selbst erhalten einen Stoß, der aber nicht in derselben Weise auf uns wirkt wie ein Stoß, der uns niederwirft; darum sprechen wir hier nicht von einem Stoß, sondern sagen: ein Schall hat unser Ohr getroffen, wir hören einen Schall.

41. Was Geräusch und was Musik ist.

Wenn nun der Körper, der die Luft trifft, ihr nur einen einzigen Stoß erteilt, wie z. B. beim Abfeuern einer Kanone, so pflanzt die Luft diesen einen Stoß bis zu unserem Ohr fort; dann sagen wir, wir hören ein Geräusch. Wenn aber der Körper, der die Luft trifft, in Schwingung ist und ihr in einer Sekunde eine große Menge kleiner Stöße erteilt, so pflanzt die Luft diese fort und gibt unserem Ohr ebenso viel Stöße in einer Sekunde; dann sagen wir, wir hören einen musikalischen Ton. Also: ein Geräusch wird durch einen einmaligen Stoß hervorgebracht, der unser Ohr trifft, aber ein musikalischer Ton wird durch eine Reihe kleiner

Stöße hervorgerufen, die in regelmäßigen Zwischenräumen aufeinander folgen. Ferner, wenn der schwingende Körper, der die Ursache dieser Störung ist, der Luft nur eine verhältnismäßig kleine Zahl von Stößen in einer Sekunde erteilt, so erteilt uns die Luft natürlich dieselbe Zahl von Stößen in der Sekunde; dann hören wir einen tiefen Ton; wenn aber der schwingende Körper sehr schnell schwingt und der Luft eine große Menge Stöße erteilt, so erteilt uns die Luft natürlich ebenso viele; dann hören wir einen hohen Ton. Hören wir also einen tiefen Ton, so wird uns dadurch angezeigt, daß eine kleine Anzahl von Stößen in der Sekunde unser Ohr trifft, während ein hoher Ton eine große Anzahl Stöße in derselben Zeit anzeigt. Ein sehr hoher Ton wird durch 10000 Stöße in einer Sekunde hervorgebracht und ein sehr tiefer Ton durch 50 Stöße in derselben Zeit.

42. Ein Schall kann Arbeit leisten.

Ein musikalischer Ton ist angenehm, aber ein Geräusch oder ein einfacher Stoß ist unangenehm; zuweilen, wenn der Stoß sehr heftig ist, verletzt oder zerstört er sogar das Ohr. Wenn eine große Kanone abgefeuert wird, so kann der Stoß gegen das Ohr in manchen Fällen dessen Hörkraft zerstören; trifft der Schall gegen eine Glasscheibe, so kann die Erschütterung so stark sein, daß die Scheibe zertrümmert wird; bei der Explosion eines Pulvermagazins werden zuweilen alle Fenster in der Nachbarschaft zerschmettert. Hieraus sehen wir, daß ein lautes Geräusch Energie besitzt und Arbeit leisten kann, besonders Arbeit der Zerstörung.

43. Er braucht Luft, um fortgepflanzt zu werden.

Versuch 34. — Wir wollen versuchen, in einem Raum, in dem keine Luft ist, z. B. in einer ausgepumpten Glasglocke, eine Glocke zu läuten. Weil sich keine Luft in ihr befindet, ist auch nichts da, dem die bewegten Teilchen der Glocke einen Stoß geben können, daher erreicht kein Schall unser Ohr. Eine Glocke, die man angeschlagen hat, oder jeder andere schwingende Körper besitzt eine Quantität Energie, von der er der Luft mitteilt, und die Luft wiederum teilt unserem Ohr davon mit. Wenn aber keine Luft vorhanden ist, so ist auch nichts da, das die Energie des schwingenden Körpers an unser Ohr zu bringen vermöchte.

44. Die Art seiner Fortpflanzung.

Wir wollen nun etwas über das Wesen des Schalles nachdenken, der durch schwingende Körper an die Luft abgegeben und von dieser sodann auf eine große Entfernung hin fortgepflanzt wird.

Vor allem dürfen wir uns nicht vorstellen, daß, wenn eine Kanone eine oder zwei Meilen entfernt abgefeuert wird, dieselben Luftteilchen den ganzen Weg von der Kanone bis zu unserem Ohr durchlaufen. Die der Kanone nahen Teilchen geben den ihnen zunächst befindlichen einen Stoß und kommen dann zur Ruhe; die Teilchen, die den Stoß empfangen haben, geben ihrerseits den ihnen zunächst befindlichen einen Stoß und kommen dann zur Ruhe, usw., bis der Stoß unser

Ohr erreicht. Was dabei tatsächlich vor sich geht, wird durch folgenden Versuch klar werden.

Versuch 35. — Wir nehmen eine Reihe elastischer Kugeln, die an verschiedenen Fäden in einer Reihe aufgehängt sind und lose nebeneinander hängen, so daß eine die andere gerade berührt. Wir ziehen jetzt die erste Kugel zur Seite in der Richtung der übrigen und lassen sie fallen, so daß sie der zweiten einen Stoß gibt. Was geschieht? Nachdem die erste Kugel den

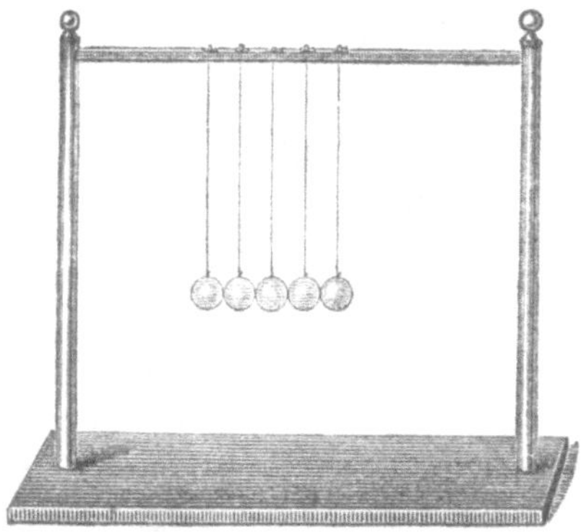

Fig. 21.

Stoß an die zweite abgegeben, kommt sie zur Ruhe. Die zweite überliefert schnell den Stoß der dritten und kommt ihrerseits zur Ruhe; die dritte tut dasselbe, bis der Stoß die letzte Kugel der Reihe erreicht hat, die, weil sie die letzte ist, durch ihn in Bewegung gesetzt wird. Nun kann die erste Kugel mit den Luftteilchen verglichen werden, die der Kanone zunächst sind, und die letzte Kugel mit den Teilchen, die unserem Ohr zunächst sind. Hiernach ist klar, wie der Stoß von der Luft bei der Kanone zu der Luft bei unserem Ohr fortgepflanzt werden kann, ohne daß es dazu nötig ist, daß dieselben Luftteilchen die ganze Entfernung durchlaufen.

Die Krocketspieler wissen, was vor sich geht, wenn man die Kugel des Gegners krocketiert. Dabei hält man die eigene Kugel unter dem Fuß fest, während die des Gegners jene gerade berührt; gibt man sodann mit dem Hammer der eigenen Kugel einen Schlag, so bewegt diese sich nicht, sondern überträgt den Schlag auf die Kugel des Gegners mit so viel Kraft, daß diese eine weite Strecke fortfliegt. Hier haben wir also dasselbe Ergebnis wie bei der Kugelreihe.

45. Seine Fortpflanzungsgeschwindigkeit.

Der Stoß, den wir Schall nennen, braucht Zeit, um von der Kanone zu unserem Ohr zu gelangen. Er wandert sehr schnell, aber er pflanzt sich doch nicht augenblicklich von der Kanone bis zu unserem Ohre fort.

Wenn eine Kanone in großer Entfernung abgefeuert wird, sehen wir zuerst den Blitz und Rauch und hören erst nach einigen Sekunden den Knall. Diese wenigen Sekunden sind nun die Zeit, die der Schall oder Stoß brauchte, um von der Kanone bis zu unserem Ohr zu gelangen. Wir sahen den Blitz genau in demselben Augenblick, als die Kanone abgefeuert wurde; wenn wir also von dem Momente seines Erscheinens ab rechnen, so wissen wir, wie viel Zeit der Schall brauchte, um von der Kanone zu uns zu gelangen. Gesetzt, die Kanone war 3400 Meter entfernt, und wir zählten 10 Sekunden zwischen dem Blitz und dem

Knall, so können wir daraus schließen, daß der Schall 10 Sekunden braucht, um 3400 Meter Luft zu durchlaufen, oder daß er sich mit einer Geschwindigkeit von 340 Meter in der Sekunde fortbewegt, und das kommt der Wahrheit sehr nahe.

Der Schall läuft aber durch Wasser viel schneller als durch Luft; durch Experimente, die man auf dem Genfer See angestellt hat, ist ermittelt worden, daß die Fortpflanzungsgeschwindigkeit des Schalles durch Wasser ungefähr viermal so groß ist als durch Luft. Der Schall pflanzt sich durch Holz oder Eisen noch schneller fort; durch Holz z. B. geht er zehn- bis sechzehnmal so schnell wie durch Luft, so daß er in einer Sekunde vier Kilometer und mehr in zusammengefügten Holzstämmen zurücklegen würde.

46. Das Echo.

Nehmen wir jetzt an, wir stünden in dem Mittelpunkt eines großen natürlichen Amphitheaters, in dem felsige Klippen uns rund umgeben, und feuerten aus dieser Stellung eine Flinte ab. Dann wird der Knall oder der Stoß sich von der Flinte ausbreiten und an die Felsen schlagen, aber hiernach wird noch etwas Weiteres geschehen. Wenn der Schall die Klippen getroffen hat und bemerkt, daß er nicht weiter kommen kann, so kehrt er wieder um, und in diesem besonderen Fall kehrt er auf demselben Wege um, in dem er fortging, wobei er immer in der Sekunde 340 Meter zurücklegt. Die Folge ist, daß wir einige Sekunden nach dem Abfeuern der Flinte den Schall, der von den Klippen zurückgekommen ist, wieder hören, gerade als ob noch eine Flinte abgefeuert wäre. Diesen Schall nennt man ein Echo.

Wir sehen also, daß bei einem Echo der Schall oder Stoß auf ein Hindernis stößt und von diesem zurückgeworfen wird, aber er kommt nicht immer in derselben Richtung zurück, von der er ausging; in welcher Richtung er zurückprallt, hängt von der Form der Oberfläche ab, gegen die er trifft. Ein sehr merkwürdiger Versuch ist in Figur 22 dargestellt. Wir stellen

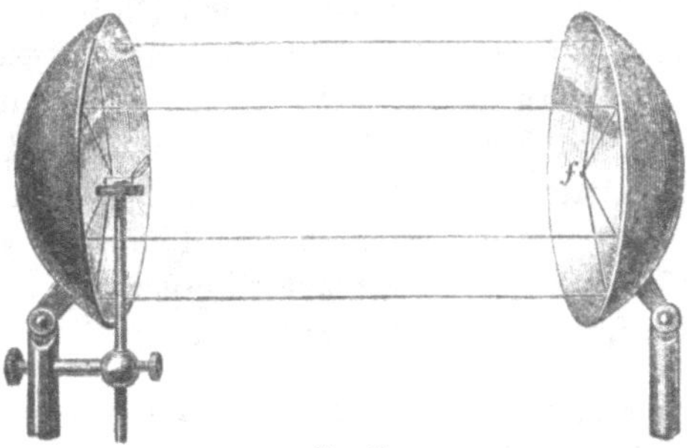

Fig. 22.

zwei große hohle Reflektoren in einiger Entfernung von einander auf, legen in einen gewissen Punkt, den man den Fokus oder Brennpunkt des einen nennt, eine Taschenuhr und bringen unser Ohr in den Brennpunkt des andern; dann hören wir das Ticken der Uhr sehr deutlich, so deutlich, als ob sie dicht an unserem Ohr läge. Die Ursache hiervon ist, daß die Stöße, welche die Uhr der Luft gibt, auf den links aufgestellten Reflektor treffen, von diesem in solchen Richtungen zurückgeworfen werden, daß sie auf den anderen Reflektor fallen und von diesem endlich alle in das Ohr geworfen werden. Diese Eigenschaft des Schalls gibt also einen sehr hübschen Versuch ab, aber im praktischen Leben hat sie sich zuweilen als sehr lästig erwiesen; z. B. erzählt man, daß in der Kathedrale von Girgenti in Sizilien das leiseste Flüstern an der großen westlichen Tür zu dem Gesims hinter dem Hochaltar hingetragen wird, und daß unglücklicherweise die erste Stelle als Platz für den Beichtstuhl gewählt wurde. Nun konnte ein Lauscher, der auf der anderen Stelle stand, oft hören, was nimmer für das öffentliche Ohr bestimmt war, bis die Sache endlich bekannt wurde, und man einen andern Platz wählte. Die Zurückwerfung des Schalls erklärt auch die Wirkung der Flüstergalerien. In derjenigen der Sankt-Pauls-Kirche in London z. B. wird ein Flüstern an einer Seite des Doms an der gegenüberliegenden Seite, also in einer sehr beträchtlichen Entfernung, gehört.

47. Wie man die Zahl der einem bestimmten Ton entsprechenden Schwingungen ermittelt, die innerhalb einer Sekunde stattfinden.

Wir haben schon gesehen, daß, wenn ein schwingender Körper der Luft nur eine kleine Zahl von Stößen in einer Sekunde erteilt, wir einen tiefen Ton erhalten, einen hohen hingegen, wenn der schwingende Körper die Luft sehr oft in einer Sekunde trifft; was man also die Höhe eines Tones nennt, hängt von der Zahl der Stöße ab, die der Luft in einer Sekunde erteilt werden. Wir können nun durch einen Versuch ermitteln, wie viele Stöße in einer Sekunde einem bestimmten Ton entsprechen, und die nachstehende Abbildung wird klar machen, wie dies geschieht. Wir sehen rechts ein großes Rad A, das durch eine große Kurbel gedreht wird. Über den Umfang oder den Rand dieses Rades ist ein starker Riemen gelegt, der über die Achse eines andern Rades B geht. Die Folge hiervon ist, daß mittelst des Riemens die Achse des Rades B während einer einzigen Umdrehung des Rades A sich sehr oft herumdrehen wird, und das Rad B wird sich selbst natürlich mit seiner Achse drehen, so daß B in

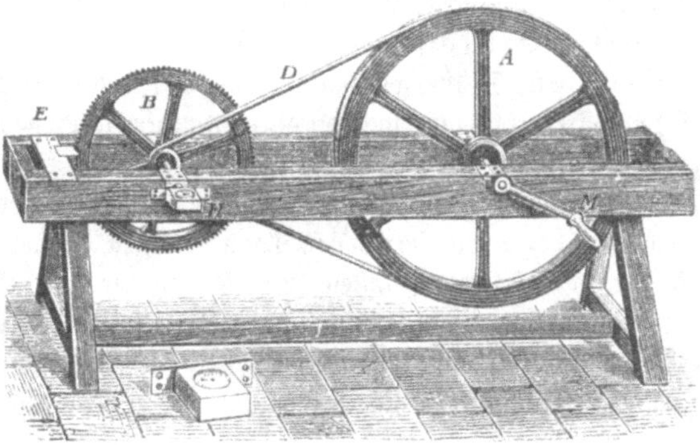

Fig. 23.

eine sehr schnelle Drehung versetzt werden kann. Wir sehen auch, daß B gezahnt ist. Nun ist in dem Punkte E gegenüber den Zähnen von B ein Kartenblatt angebracht, so daß jeder Zahn, wenn er vorbeigeht, an die Karte schlägt. Jedesmal, wenn die Karte angeschlagen wird, hören wir einen Schall, weil die Karte der Luft einen Stoß gibt. An dem Rade B mögen 100 Zähne sein, dann werden der Luft 100 Stöße gegeben, während B sich einmal herumdreht. Wenn also B sich einmal in der Sekunde herumdreht, werden der Luft 100 Stöße in der Sekunde gegeben, und infolgedessen trifft 100 mal in der Sekunde ein Schall unser Ohr; wir sind aber in diesem Fall nicht imstande, jeden Schall für sich zu unterscheiden, sondern wir hören einen ununterbrochenen tiefen Ton. Wenn wir nun die Kurbel schnell genug drehen, können wir dadurch bewirken, daß B sich in einer Sekunde 100 mal herumdreht, und bei jeder Umdrehung wird B die Karte 100 mal anschlagen; die Karte wird daher in einer Sekunde 100 mal 100 oder 10,000 mal angeschlagen, 10,000 kleine Stöße werden in jeder Sekunde unser Ohr treffen, und wir werden einen ununterbrochenen hohen Ton hören.

Wenn wir finden wollen, wie viele Stöße in einer Sekunde bei einem gegebenen Tone erfolgen, so verfahren wir folgendermaßen: wir drehen die Kurbel immer schneller, bis das Instrument mittelst der Karte einen Ton von der Höhe des Tones gibt, den wir bestimmen wollen; wenn wir einmal die richtige Geschwindigkeit erzielt haben, drehen wir die Kurbel eine Zeitlang mit derselben Geschwindigkeit weiter, etwa eine Minute lang oder länger. Mit dem Rade B steht nun ein Zählwerk in Verbindung (das in vergrößertem Maßstabe Fig. 23 unten besonders abgebildet ist), und dieses zeigt an, wie oft die Karte angeschlagen wurde, seit wir zu drehen anfingen. Wir müssen also, wenn wir selbst die Kurbel immer mit der Geschwindigkeit, die uns den rechten Ton gibt, drehen, einen andern Beobachter zu Hilfe nehmen, der die Stellung des Zeigers auf dem Zählwerk am Anfang und Ende einer Minute notiert. Gesetzt, jener fände durch das Zählwerk, daß in dieser Minute die Karte 60,000 mal angeschlagen worden ist, so wurde sie 1000 mal in einer Sekunde angeschlagen, und wir können daraus schließen, daß bei dem angegebenen Tone in einer Sekunde der Luft 1000 Stöße erteilt werden.

Erwärmte Körper.

48. Die Natur der Wärme.

Wir haben gesehen, daß ein Körper, der sich in fortschreitender Bewegung befindet, Energie besitzt, ebenso ein in Schwingung befindlicher. Ferner wissen wir, daß ein schwingender Körper sich beim Schwingen nicht etwa von einem Orte zu einem andern hin bewegt, sondern als Ganzes in Ruhe bleibt, und daß nur seine verschiedenen Teilchen sich abwechselnd hin und her bewegen.

Wir wollen jetzt einen erwärmten Körper betrachten. Vor allem fragen wir, was Wärme ist. Um dies zu ermitteln, legen wir eine eiserne Kugel ins Feuer, nehmen sie, wenn sie glühend geworden ist, wieder heraus, legen sie sodann auf eine Wagschale, bringen sie ins Gleichgewicht und lassen sie abkühlen. Wäre nun Wärme ein Stoff, der in die Kugel eingedrungen ist, so müßten wir erwarten, daß diese beim Abkühlen beständig leichter würde. Wenn aber dieser Versuch in der richtigen Weise angestellt wird, so findet man, daß die eiserne Kugel nicht an Gewicht verliert, wenn sie sich abkühlt, daß also, was Wärme auch immer sei, jedenfalls ihr Vorhandensein die Kugel nicht um ein Milligramm schwerer gemacht hat.

Nehmen wir nun weiter an, wir stellten uns auf die Schale einer sehr empfindlichen Wage und ließen, wenn das Gleichgewicht vollständig hergestellt ist, etwas Wasser in unser Ohr gießen. Natürlich sind wir dann schwerer als vorher. Angenommen aber, ein Schall dringe in unser Ohr. Wird der Schall uns schwerer machen? Nicht im geringsten. Der Schall schlägt an das sogenannte Trommelfell unseres Ohres, versetzt es in Schwingung, und wir hören den Schall, aber wir werden dadurch, daß er in unsere Ohren dringt, nicht um das Allergeringste schwerer. Also: während das Eintreten von Wasser ein Eintreten von Stoff ist und uns schwerer macht, ist das Eintreten des Schalles nur das Eintreten einer Art schwingender Bewegung und macht uns nicht schwerer. Kann nun nicht etwas Derartiges auch bei erwärmten Körpern stattfinden? Kann nicht das Eintreten von Wärme das Eintreten einer Art schwingender oder hin und her gehender Bewegung bedeuten, die nichts zu dem Gewicht des Körpers hinzufügt?

Wir haben gewichtige Gründe, zu glauben, daß die Wärme wirklich eine Art schwingender Bewegung ist, und daß, wenn ein Körper erwärmt wird, jedes kleinste Teilchen davon entweder hin und her oder rund herum getrieben wird. Aber diese Teilchen sind so außerordentlich klein, und ihre Bewegung ist so außerordentlich schnell, daß das Auge kein Mittel hat, zu sehen, was wirklich vorgeht. Warum, fragen wir nun, geht denn von einem erhitzten Körper kein Schall aus, wenn doch seine Teilchen in einem Zustande schneller Bewegung sind? Warum gibt denn ein solcher Körper der um ihn befindlichen Luft nicht auch eine Menge kleiner Stöße, wie ein in gewöhnlicher Schwingung befindlicher Körper? Die Antwort ist, daß ein erhitzter Körper dem ihn umgebenden Medium allerdings eine Menge Stöße versetzt; und wenn diese Stöße auch nicht derart sind, daß sie auf das Ohr wirken, so wirken sie doch auf das Auge und geben uns die Empfindung des Lichtes. Es besteht also eine große Ähnlichkeit zwischen einem tönenden Körper, wie z. B. einer Glocke, und einem heißen Körper, wie z. B. einer glühenden Kugel. Die Teilchen beider Körper sind in einem Zustande schneller Bewegung: die der Glocke treffen die Luft rund herum, und die Luft überträgt die Stöße auf unser Ohr; die Teilchen der heißen Kugel versetzen auch dem Medium rund um die Kugel eine Reihe von Stößen, und dieses Medium bringt die Stöße zu unserem Auge. Als wir daher mit schwingenden Körpern experimentierten, brauchten wir das Ohr, experimentieren wir aber mit stark erhitzten Körpern, so brauchen wir das Auge. In beiden Fällen teilt man den Gegenstand in zwei Abteilungen: bei schwingenden Körpern müssen wir zuerst die Körper selbst studieren, wie schnell sie schwingen, in welcher Weise sie schwingen, usw.; und zweitens müssen wir untersuchen, wie schnell der von ihnen ausgehende Schall durch die Luft fortgepflanzt wird; bei erhitzten Körpern müssen wir zuerst die Körper selbst genau studieren und dann untersuchen, wie schnell die Licht- und Wärmestrahlen, die von ihnen ausgehen, die Luft durcheilen.

49. Die Ausdehnung der Körper durch die Wärme.

Wenn ein Körper erwärmt wird, so dehnt er sich fast immer aus, d. h. er wird nach allen Seiten hin größer. Um zu beweisen, daß dies der Fall ist, wollen wir einen festen, einen flüssigen und einen gasförmigen Körper erwärmen.

Versuch 36. — Wir nehmen einen langen metallenen Stab (Fig. 24), der an dem einen Ende B durch eine Schraube festgehalten wird. Das andere Ende kann sich indessen frei ausdehnen und drückt dabei gegen

Fig. 24.

den Zeiger Z, der infolgedessen in die Höhe rückt; und wenn die Stange sich auch wenig ausdehnt, so wird diese Ausdehnung doch leicht bemerkt werden, denn sie bewirkt, daß der Zeiger seine Stellung bedeutend verändert und zwar in die Höhe rückt.

Jetzt wollen wir zwei oder drei Lampen unter den Stab stellen und diesen erhitzen, dann finden wir, daß der Stab sich ausdehnt und gegen den Zeiger drückt, so daß der Zeiger in die Höhe rückt. Wenn die Lampen fortgenommen werden, kühlt sich der Stab ab, und infolgedessen hat sich der Zeiger im Verlaufe von einigen Minuten wieder in seine alte Lage zurückbewegt.

Versuch 37. — Wir nehmen eine hohle Glaskugel, die mit Wasser gefüllt ist; wenn wir diese Glaskugel erwärmen, steigt das Wasser in der feinen Röhre, die an der Kugel angebracht ist. Dabei dehnt sich sowohl die Glaskugel wie das Wasser aus, aber das Wasser dehnt sich stärker aus als die Glaskugel und wird dadurch in dem feinen Rohr aufwärts getrieben; es dehnt sich sogar mit so großer Gewalt aus, daß es die Kugel sprengen würde, wenn keine leere Röhre vorhanden wäre, worin es aufsteigen könnte.

Versuch 38. — Schließlich nehmen wir eine Blase, die ungefähr zu $^2/_3$ mit Luft gefüllt ist, und erwärmen sie über dem Feuer, wobei wir sie herumdrehen, damit sie nicht verbrennt. In kurzer Zeit wird die Luft sich dann so sehr ausgedehnt haben, daß die Blase ganz voll aussieht.

50. Das Thermometer.

Wir sehen aus allen diesen Versuchen, daß die Wärme das Bestreben hat, die Körper auszudehnen, mögen sie nun fest, flüssig oder gasförmig sein. Wir wollen jetzt insbesondere Quecksilber betrachten, wovon wir ein entsprechendes Quantum in eine Glaskugel füllen; es dehnt sich unter der Einwirkung der Wärme wie Wasser aus und steigt in der feinen Röhre in die Höhe. Wir haben hier in Wirklichkeit zwei sich ausdehnende Körper. Erstens dehnt sich die Kugel selbst aus, denn wenn wir sie im kalten und im heißen Zustande genau messen, so finden wir, daß sie heiß ein wenig größer ist. Aber die Kugel dehnt sich nicht so stark aus wie das Quecksilber; das letztere muß infolge seiner starken Ausdehnung mehr Raum haben und steigt deshalb in der Röhre; da nun diese sehr fein ist, so verursacht eine sehr kleine Ausdehnung des Quecksilbers ein bedeutendes Steigen in der Röhre, das vom Auge leicht gesehen wird. In der Tat treibt die bloße Wärme unserer Hand das Quecksilber in der Röhre schnell in die Höhe, und ein bloßer Hauch kalter Luft treibt es nieder. Ein Instrument dieser Art ist daher sehr nützlich, um anzugeben, ob ein Ding kälter oder wärmer als ein anderes ist, und entspricht diesem Zweck viel besser als das Gefühl beim Berühren. Wenn wir z. B. ein solches Instrument mit seiner Kugel in ein Gefäß mit Wasser stellen und es einige Minuten darin lassen, so nimmt die Quecksilberkuppe in der Röhre eine feste Stellung an. Wir merken uns diese Stellung genau, indem wir sie durch einen Strich bezeichnen. Dann nehmen wir das Instrument aus diesem Wassergefäß und stellen es in ein anderes ebenfalls Wasser enthaltendes Gefäß. Wenn dieses Wasser wärmer ist als das erste, so wird das Quecksilber über den Strich, den wir gemacht haben, steigen, d. h. das Ende seiner Säule wird jetzt höher stehen; wenn aber dieses Wasser kälter ist, als das erste, so wird das Quecksilber unter den Strich fallen, den wir gezogen haben; wenn wir also die Höhe des Quecksilbers in der Röhre beobachten, so können wir sofort sagen, ob das Wasser im zweiten Gefäß wärmer oder kälter ist als im ersten.

Ein solches Instrument wird ein Thermometer genannt.

51. Wie ein Thermometer verfertigt wird.

Wenn man ein Thermometer anfertigen will, läßt man sich von einem Glasbläser eine hohle Kugel an das Ende einer Glasröhre blasen, die sehr eng im Lichten ist, das andere Ende dieser engen Röhre läßt man offen. Dann erhitzt man die Kugel über einer Flamme, wodurch die Luft in der Kugel sich ausdehnt (gerade so wie vorhin, als wir die Blase erhitzten); weil aber das andere Ende der feinen Röhre offen ist, so entweicht die ausgedehnte Luft durch die Öffnung. Ehe nun die Luft Zeit hat, sich abzukühlen, taucht man das offene Ende der engen Röhre unter die Oberfläche eines mit Quecksilber gefüllten Gefäßes. Augenscheinlich enthält die Kugel jetzt weniger Luft, als zuerst, weil ein Teil davon durch die Wärme ausgetrieben wurde. Wenn die zurückgebliebene Luft sich nun abkühlt, so zieht sie sich in einen kleineren Raum zusammen, und der Luftdruck von außen treibt das Quecksilber in die Höhe, so daß es den leeren Raum ausfüllt, ebenso wie der Luftdruck das Wasser in der Wasserpumpe in die Höhe trieb (§ 34). Ein Teil dieses Quecksilbers wird also in die Kugel getrieben. Nachdem wir nun ein wenig Quecksilber in der Kugel haben, nehmen wir die Kugel mit dem Quecksilber darin und erhitzen sie gut über der Flamme einer Lampe: Kugel und Röhre. Das Queck-

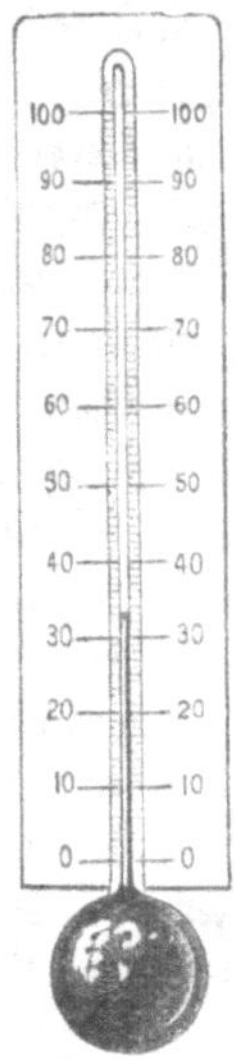

Fig. 25.

silber wird bald kochen, und der Dampf wird die über ihm befindliche Luft hinaustreiben, so daß zuletzt Kugel und Röhre beide mit Quecksilberdampf gefüllt sind. Wenn dies geschehen ist, tauchen wir das offene Ende der Röhre noch einmal in ein Gefäß mit Quecksilber. Da nun in der Röhre so wie in der Kugel keine Luft ist, sondern nur Quecksilberdampf, und dieser beim Abkühlen sich verdichtet, so entsteht ein leerer Raum, und das Quecksilber, in welches das Instrument getaucht ist, wird durch den Druck der äußeren Luft in die Höhe getrieben, bis es Röhre und Kugel ausfüllt. Jetzt, da wir Röhre und Kugel mit Quecksilber gefüllt haben, verschließen wir, ehe sich dieses abkühlt, das offene Ende dadurch, daß wir die Glasröhre zuschmelzen, so daß die Luft ausgeschlossen bleibt, und damit ist dieser Teil des Prozesses beendet.

Nachdem nun unsere Thermometerröhre fertig ist, tauchen wir sie, wenn sie kalt genug ist, in einen Behälter mit zerstoßenem Eis, das im Begriff ist, zu schmelzen. Natürlich fällt die Quecksilbersäule in der Röhre, weil das Eis sehr kalt ist (die Quecksilbersäule fällt ja, wie wir wissen, wenn die Kugel in eine kalte Masse getaucht wird). Wenn das Quecksilber nicht mehr fällt, bezeichnen wir mit einer Feile die Stelle, bis zu welcher die Säule in der Röhre reicht. Diese Stelle wird die Quecksilbersäule immer einnehmen, wenn das Instrument in schmelzendes Eis gebracht wird oder in etwas, das eben so kalt ist. Jetzt nehmen wir die Thermometerröhre, tauchen Kugel und Röhre in siedendes Wasser und bezeichnen wie vorhin die Stelle, bis zu welcher die Quecksilbersäule reicht. Natürlich steht diese jetzt sehr hoch, denn das Quecksilber hat sich in dem heißen Wasser sehr stark ausgedehnt. Wir haben nun zwei Zeichen auf unserer feinen Röhre: die eine bezeichnet die Höhe der Quecksilbersäule, wenn wir die Kugel in schmelzendes Eis tauchen; die andere die Höhe der Säule, wenn wir Kugel und Röhre in siedendes Wasser tauchen. Wir werden später sehen, daß der Wärmegrad des siedenden Wassers nicht ganz unveränderlich ist, aber fürs erste können wir annehmen, siedendes Wasser habe einen bestimmten Wärmegrad.

Nachdem wir so auf der Thermometerröhre zwei Punkte, die dem Gefrierpunkt und dem Siedepunkt des Wassers entsprechen, bezeichnet oder mit einer Feile eingeritzt haben, müssen wir zunächst die ganze Entfernung zwischen diesen beiden Punkten in hundert gleiche Teile teilen. Zu diesem Zweck überzieht man die ganze Röhre mit Wachs und macht an den richtigen Stellen mit der Spitze einer Nadel Striche in den Wachsüberzug. Tauchen wir nun die ganze Röhre in eine Lösung von Flußsäure, so wirkt diese nicht auf den Wachsüberzug, wohl aber auf das Glas an den Stellen, wo die Nadelspitze das Wachs fortgenommen hat. Wenn wir hernach die Röhre wieder aus der Lösung herausnehmen, so finden wir, daß alle Striche, die wir mit der Nadelspitze gezogen haben, durch die Säure in das Glas eingeätzt sind und eine Skala von Strichen bilden, vermittelst welcher wir vom Gefrierpunkt bis zum Siedepunkt des Wassers aufsteigen können durch hundert Abteilungen oder

Stufen, von denen jede Stufe etwas Wärmeres als die unter ihr und etwas Kälteres als die über ihr bezeichnet.

Schließlich nennen wir die unterste Stufe 0 Grad, die oberste 100 Grad und versehen jede zehnte zwischen diesen beiden auch mit einer Zahl, dann ist unser Thermometer fertig.

Ein solches Instrument heißt ein hundertteiliges Thermometer, nämlich ein Thermometer mit hundert Stufen oder Graden, und da diese Form der Einteilung die bequemste ist, so werden wir sie immer gebrauchen.

Ist der Wärmegrad eines Körpers derart, daß ein in ihn gebrachtes Thermometer bis zu 10, 20 oder 30 Grad steigt, so sagen wir, die Temperatur dieses Körpers ist 10, 20 oder 30 Grad usw. Schmelzendes Eis hat also eine Temperatur von 0 Grad (geschrieben 0°) der hundertteiligen Skala, und siedendes Wasser eine Temperatur von 100 Grad (geschrieben 100°) derselben Skala; 20° ist eine gute Sommerwärme, und 37° ist ungefähr die Temperatur unseres Blutes oder Blutwärme. Ein solches Instrument ist überhaupt ein sehr genaues Mittel, Temperaturen zu messen.

52. Die Ausdehnung fester Körper.

Vermittelst einer Methode, die, ähnlich der beim Versuch 36 angewandten, nur genauer als diese ist, hat man gefunden, wie viel sich Glas- und Metallstäbe zwischen dem Gefrierpunkt und Siedepunkt des Wassers, d. h. zwischen 0° und 100° ausdehnen; die Resultate sind in der folgenden Tabelle angegeben:

	Ausdehnung einer 100,000 Millimeter langen Stange zwischen dem Gefrierpunkt und dem Siedepunkt des Wassers.	
Glas	85	Millimeter
Kupfer	171	„
Messing	188	„
Weiches Eisen	120	„
Gußeisen	109	„
Stahl	114	„
Blei	282	„
Zinn	196	„
Silber	192	„
Gold	144	„
Platina	87	„
Zink	298	„

53. Die Ausdehnung flüssiger Körper.

Flüssige Körper dehnen sich, wenn man ihren Wärmegrad erhöht, stärker aus als feste, aber wir können keinen Versuch mit einer flüssigen Stange machen, weil eine Flüssigkeit nie eine Stange bilden kann. Darum wollen wir in diesem Fall ein bestimmtes Maß nehmen, z. B. einen Liter, und untersuchen, wie viele Liter überfließen würden, wenn eine Flüssigkeit, die beim Gefrierpunkt des Wassers 100,000 Liter einnahm, bis zum Siedepunkt erhitzt würde.

Wenn nun 100,000 Liter Quecksilber von 0° auf 100° oder vom Gefrier- bis auf den Siedepunkt erhitzt werden, so finden wir einen Ausfluß von 1815 Liter, und wenn 100,000 Liter Wasser zwischen denselben Temperaturgrenzen erhitzt werden, so finden wir einen Ausfluß von 4315 Liter. Man hat durch solche Versuche ermittelt, daß bei gleicher Temperaturzunahme Flüssigkeiten sich stärker ausdehnen als feste Körper, und daß Flüssigkeiten sich bei hoher Temperatur stärker ausdehnen als bei niedriger.

54. Die Ausdehnung gasförmiger Körper.

Gase werden auch durch Wärme ausgedehnt und sogar sehr stark; aber wir dürfen dabei nicht vergessen, daß Gase auch durch andere Mittel als Wärme ausgedehnt werden. Wir erinnern uns des mit Luft gefüllten Kautschukballons, der unter die Glocke der Luftpumpe gebracht wurde und sich ausdehnte, als die Luft aus der Glocke entfernt wurde (Versuch 25). Wenn wir also ermitteln wollen, um wieviel eine Quantität Gas sich durch die Wärme ausdehnt, so müssen wir achtgeben, daß die Luft, die das Gas umgibt, ihren Druck nicht verändert. Wir können z. B. eine mit etwas Luft gefüllte Blase nehmen und zusehen, um wieviel sie sich in der freien Luft, d. h. unter dem beständigen Druck der Atmosphäre zwischen dem Gefrierpunkt und dem Siedepunkt des Wassers ausdehnt.

Dabei findet man, daß eine solche Blase, deren Rauminhalt beim Gefrierpunkt 1000 Kubikzentimeter ist, beim Siedepunkt einen Rauminhalt von 1367 Kubikzentimetern hat.

Wenn wir also ein Gefäß mit einer großen Quantität eiskalten Wassers haben und diese 1000 Kubikzentimeter enthaltende Blase unter das Wasser tauchen, so sehen wir das Wasser in dem Gefäß durch einen

Raum von 1000 Kubikzentimetern steigen, weil dieses die Zunahme des Rauminhaltes ist, die von der Blase herrührt. Wenn wir aber dasselbe Gefäß mit siedendem Wasser füllen und die Blase hineintauchen, so sehen wir das Wasser durch einen Raum von 1367 Kubikzentimetern steigen, weil das der Rauminhalt der Blase bei dieser Temperatur ist.

55. Bemerkungen über die Ausdehnung.

Flüssigkeiten und feste Körper dehnen sich mit ungeheurer Kraft aus. Wenn wir eine eiserne Kugel ganz mit Wasser füllen, sie mit einer Schraube fest verschließen und dann erhitzen, so ist die Kraft der Ausdehnung groß genug, um die Kugel zu zersprengen.

Bei großen eisernen und röhrenförmigen Brücken muß man etwas Raum lassen, damit das Eisen Platz hat, sich auszudehnen; denn im Sommer ist die Brücke etwas länger als im Winter, und wenn sie keinen Raum hat, sich zu verlängern, so wird sie durch die Kraft, die sie auszudehnen sucht, beschädigt.

Die Kraft der Ausdehnung und Zusammenziehung ist uns in vielen Fällen sehr nützlich, z. B. bei Anfertigung der Wagenräder. Die eiserne Radschiene wird erst rotglühend gemacht und in diesem Zustande lose um das Rad gelegt; kühlt man sie dann schnell ab, so zieht sie sich zusammen, faßt das Rad und legt sich fest an.

56. Die spezifische Wärme.

Die Wärmemenge, die erforderlich ist, um ein Kilogramm von irgend einem Stoff um einen Grad zu erwärmen, nennt man seine **spezifische Wärme**. Sie ist für die verschiedenen Körper von sehr verschiedener Größe. Wasser hat die größte spezifische Wärme; d. h. man bedarf mehr Wärme, um ein Kilogramm Wasser als um ein Kilogramm irgend einer andern Substanz um einen Grad zu erwärmen. Die Wärme, die erforderlich ist, um ein Kilogramm Wasser um einen Grad zu erwärmen, reicht hin, 9 Kilogramm Eisen, 11 Kilogramm Zink und nicht weniger als 30 Kilogramm Quecksilber oder Gold um einen Grad zu erwärmen.

Versuch 39. — Um uns von der großen spezifischen Wärme des Wassers zu überzeugen, nehmen wir 2 Kilogramm Quecksilber, erhitzen sie auf 100° d. i. auf den Siedepunkt des Wassers und vermischen sie mit einem Kilogramm Wasser von gewöhnlicher Temperatur. Beobachten wir nun den Stand eines ins Wasser gestellten Thermometers vor und nach der Mischung, so finden wir, daß dieses kaum mehr als um 5° durch Hinzugießen des heißen Quecksilbers gestiegen ist.

57. Die Veränderung des Aggregatzustandes.

Wir haben schon von den drei Aggregatzuständen gesprochen, dem festen, flüssigen und gasförmigen. Wenn man nun einen anfänglich festen Körper mehr und mehr erhitzt, so geht er vom festen in den flüssigen und dann vom flüssigen in den gasförmigen Zustand über. Eis, Wasser und Dampf haben genau dieselbe Zusammensetzung. Eis, wenn es erwärmt wird, verwandelt sich in Wasser, und Wasser, wenn man die Erwärmung fortsetzt, in Dampf. Dieselbe Umwandlung geht mit andern Stoffen vor sich, wenn wir sie in derselben Weise behandeln. Nehmen wir z. B. ein Stück von dem Metall, das Zink heißt, und erhitzen es; nach einiger Zeit wird es schmelzen und, wenn wir es noch weiter erhitzen, zuletzt in Form von Zinkdampf entweichen. Sogar hartes, festes Eisen oder Stahl kann man zum Schmelzen bringen und selbst in Dampf verwandeln; ja mit Hülfe der Elektrizität (von der wir später sprechen werden) kann man wahrscheinlich jeden Stoff so stark erhitzen, daß er sich in Dampf oder Gas verwandelt.

Umgekehrt gelingt es in den meisten Fällen, einen anfänglich gasförmigen Körper dadurch, daß man ihn mehr und mehr abkühlt, in den flüssigen und dann in den festen Zustand zu bringen. Doch konnte z. B. reiner Alkohol bis jetzt noch nicht durch Abkühlung in den festen Zustand gebracht werden; aber es ist unzweifelhaft, daß es nur der Erzeugung noch größerer Kälte bedarf, um Alkohol zum Gefrieren zu bringen. Auch ist es erst kürzlich gelungen, die atmosphärische Luft so stark abzukühlen, daß sie in den flüssigen Zustand überging. Wir müssen uns dabei nicht vorstellen, daß Kälte irgend etwas anderes als Armut an Wärme sei. Ein kalter Körper ist ein Körper, der wenig Wärme enthält, und ein noch kälterer Körper enthält noch weniger Wärme, aber auch der kälteste Körper, den wir darstellen können, enthält noch etwas Wärme. In dieser Hinsicht darf man sich nicht durch das Gefühl bei der Berührung leiten lassen. Zwei Körper können nach dem Thermometer dieselbe Temperatur haben, und doch kann der eine viel kälter anzufühlen sein als der andere. Wenn wir die eine Hand eine Zeitlang in kaltes und die andere in warmes Wasser halten und dann beide in Wasser von gewöhnlicher Temperatur tauchen, so erscheint dieses Wasser der einen Hand warm und der andern kalt. Darum dürfen wir uns durch nichts anderes als durch das Thermometer leiten lassen und müssen festhalten, daß Kälte nichts anderes ist als Armut an Wärme.

Wir kehren zu unserem Gegenstande zurück. Wahrscheinlich würden alle Körper, wenn wir sie genug abkühlen, d. h. ihnen genug von ihrer Wärme entziehen könnten, den festen Zustand annehmen; und wenn wir dann jeden von ihnen wieder hinreichend erwärmten, so würde er flüssig werden, und zuletzt, noch weiter erhitzt, sich in Dampf oder Gas verwandeln. Es besteht aber eine große Verschiedenheit zwischen den verschiedenen Körpern in bezug auf die Leichtigkeit, mit der sie sich verändern; Eis schmilzt bald, wenn wir Wärme anwenden; Zinn und Blei müssen auf 200 und 300 Grad erhitzt werden, ehe sie schmelzen; Eisen ist schwerer zu schmelzen als Blei, und Platin ist noch schwerer zu schmelzen als Eisen.

In der folgenden Tabelle ist die Temperatur angegeben, bei der einige der nützlichsten Stoffe anfangen zu schmelzen:

Eis schmilzt bei	. . . .	0°
Phosphor	„	44°
Paraffin	„	46°
Kalium	„	63°
Natrium	„	96°
Zinn	„	233°

Blei schmilzt bei	. . . .	326°
Silber	„	954°
Gold	„	1035°
Eisen	„	1200°—1600°
Platin	„	1775°.

Kohlenstoff ist außerordentlich schwer zu schmelzen; selbst in dem heißesten Feuer bleibt die Kohle immer fest, und noch nie hat man gesehen, daß Kohlen geschmolzen und durch die Roststangen des Ofens durchgetropft wären.

Alle Körper also werden durch die Wärme in derselben Weise verändert. Könnten wir eine hinreichend niedrige Temperatur hervorbringen, so würden alle Körper fest werden wie Eis, und könnten wir eine hinreichend hohe hervorbringen, so würden alle gasförmig werden wie Wasserdampf; kurz die Veränderung, die stattfindet, ist immer von derselben Art, und wir tun am besten, Wasser in dieser Hinsicht als ein Muster aller andern Körper anzuwenden und das Verhalten dieses Stoffes der Wärme gegenüber zu studieren. Dabei wollen wir mit Wasser im festen Zustande d. i. mit Eis anfangen.

58. Latente Wärme des Wassers.

Wir nehmen etwas sehr kaltes Eis, zerstoßen es in kleine Stücke und bringen die Kugel unseres Thermometers in dieses zerstoßene Eis. Gesetzt den Fall, wir lesen an dem Instrument 20 Grad unter dem Punkt, den wir 0° nennen, ab. Erwärmen wir nun das Eis, so wird seine Temperatur, wie die jedes andern festen Körpers unter gleichen Verhältnissen, steigen, bis sie 0° erreicht hat. An diesem Punkt aber wird sie still stehen und nicht mehr steigen, solange noch etwas Eis übrig ist. Was tut nun die Wärme, da sie doch die Temperatur nicht über diesen Punkt hinaus erhöht? Wir antworten: sie schmelzt das Eis. Zuerst wird alle Wärme verbraucht, um die Temperatur des sehr kalten Eises zu erhöhen; wenn aber die Temperatur auf Null Grad gelangt ist, hat die Wärme eine ganz andere Aufgabe zu erfüllen; nun wird sie ganz dazu verbraucht, das Eis zu schmelzen, und wenn das Eis geschmolzen ist, hat das Wasser nur eine Temperatur von 0°, denn es ist nicht wärmer als schmelzendes Eis. Wasser bei 0° ist also gleich Eis bei 0°, verbunden mit einer gewissen Wärmemenge, die wir latente (verborgene) Wärme nennen, weil sie nicht auf das Thermometer wirkt.

Versuch 40. — Wir können dies beweisen, indem wir etwas zerstoßenes Eis auf eine zinnerne Schale legen und es über einer Lampe erwärmen, bis nur ein klein wenig Eis übrig geblieben ist. Wenn wir dann ein Thermometer in das geschmolzene Eis tauchen, finden wir, daß die Temperatur kaum höher als 0° ist, oder kurz, daß das geschmolzene Eis eben so kalt ist wie das Eis, ehe es schmolz.

59. Latente Wärme des Wasserdampfes.

Wir haben nun unser Eis in Wasser verwandelt. Wenn wir jetzt fortfahren, dieses Wasser zu erwärmen, so wird seine Temperatur in gewöhnlicher Weise steigen wie die anderer Körper, bis sie den Siedepunkt oder 100° erreicht hat. Dann wird seine Temperatur aufhören zu steigen, und, wenn wir das Wasser noch mehr erhitzen, so werden wir nichts weiter tun, als es in Dampf verwandeln, dessen Temperatur 100° ist und keine höhere. Denn ebenso wie eine große Wärmemenge dazu gehörte, Eis von 0° in Wasser von 0° zu verwandeln, so gehört auch eine große Wärmemenge dazu, Wasser von 100° in Dampf von 100° zu verwandeln. Wir sind daher berechtigt zu sagen: Wasserdampf von 100° ist gleich Wasser von 100°, verbunden mit einer gewissen Wärmemenge, die wir latent nennen, weil sie nicht auf das Thermometer wirkt.

Versuch 41. — Wir können dies beweisen, wenn wir etwas Wasser in einer Flasche zum Sieden bringen und das Thermometer erst in das siedende Wasser und dann in den Dampf halten. Dann finden wir, daß beide beinahe dieselbe Temperatur haben, und daß der Dampf nicht wärmer ist als das siedende Wasser.

Wir sehen also, daß Eis latente Wärme braucht, um Wasser zu werden, und Wasser wiederum latente Wärme braucht, um Dampf zu werden. Wie viel Wärme nötig ist, um ein Kilogramm Eis von 0° in ein Kilogramm Wasser von derselben Temperatur zu verwandeln, können wir messen und finden dabei, daß hierzu ebensoviel Wärme nötig ist als dazu, die Temperatur von 80 Kilogramm Wasser um einen Grad zu erhöhen. Das ist es, was wir ausdrücken wollen, wenn wir sagen, daß die latente Wärme des Wassers = 80 ist. Ebenso hat man gefunden, daß die latente Wärme des Dampfes = 536 ist; d. h. es ist ebensoviel Wärme dazu nötig, ein Kilogramm Wasser von 100° in Dampf von derselben Temperatur zu verwandeln, wie dazu nötig ist, die Temperatur von 536 Kilogramm Wasser um einen Grad zu erhöhen.

Es gehört also recht viel Wärme dazu, das Eis zu schmelzen und auch recht viel Zeit; und daß es so ist, ist sehr gut, denn was würde geschehen, wenn Eis beim Schmelzpunkt durch die geringste Temperaturerhöhung sich auf einmal in Wasser verwandelte? Dadurch würde ein großer Teil der Erdkugel unbewohnbar werden, denn das Eis auf den Bergen würde an einem schönen Frühlingsmorgen mit einem Mal flüssig werden, und das Wasser würde in so gewaltigen Strömen herunterstürzen, daß es alles vor sich wegschwemmen und große Strecken tiefliegenden Landes begraben würde. Ebenso ist es sehr gut für uns, daß eine große Wärmemenge dazu erforderlich ist, Wasser beim Siedepunkt in Dampf zu verwandeln; denn, wenn Wasser bei diesem Punkt angelangt, durch die geringste Erhöhung der Wärme sich mit einem Mal in Dampf verwandelte, würde ja bei jedem Teekessel und bei jedem Kochkessel eine Explosion erfolgen, und eine Dampfmaschine wäre eine vollständige Unmöglichkeit.

Wir wissen schon, daß Dampf ein Gas ist wie Luft, und wir wissen ferner, aus der „Allgemeinen Einführung in die Naturwissenschaften" § 32—34, daß man wirklichen Dampf nicht sehen kann. Wenn das Wasser in einem Kessel stark siedet, sieht man nahe an der Pfeife des Kessels nichts; erst ungefähr einen halben Zoll davon entfernt sieht man eine Wolke. Ebenso sieht man nahe am Schornstein einer Lokomotive, die Dampf herausläßt, nichts; erst in einer kleinen Entfernung darüber sieht man eine Wolke. Dieser unsichtbare Körper, der herauskommt, ist wirklicher Dampf, aber die sichtbare Wolke besteht aus sehr kleinen Wassertropfen, die aus dem Dampf entstehen, wenn er sich abkühlt; sie ist also nicht Dampf sondern Wasser. Wirklicher Dampf ist unsichtbar wie Luft oder irgend ein anderes Gas.

60. Sieden und Verdampfen.

Wir haben uns bis jetzt mit dem Dampf beschäftigt, der sich bildet, wenn Wasser siedet. Wir dürfen uns aber nicht vorstellen, daß kein Dampf gebildet wird, ehe es siedet, denn das würde den Tatsachen nicht entsprechen. Wir alle wissen, daß aus Wasser in einem Gefäße, das aufs Feuer gesetzt wird, lange vor dem Sieden Dampf sich entwickelt. Ebenso ist bekannt, daß jeder nasse oder mit Wasser durchtränkte Gegenstand nahe am Feuer trocken wird, d. h. daß sein Wasser in der Form von Dampf entweicht. Wenn nun aus nichtsiedendem Wasser Dampf sich entwickelt, so nennt man dies Verdampfen, wenn aber Dampf sich aus siedendem Wasser entwickelt, so nennt man dies Sieden. Der Unterschied ist einfach folgender: wenn man Wasser über dem Feuer erhitzt, so hat die Wärme zuerst zwei Dinge zu leisten. Erstens erhitzt sie das Wasser und zweitens verwandelt sie etwas Wasser an seiner Oberfläche in Dampf; wenn aber die Temperatur des Wassers auf 100° oder den Siedepunkt gestiegen ist, so kann das Wasser nicht heißer werden; dann besteht die ganze Wirkung des Feuers darin, das Wasser in Dampf zu verwandeln, der sich nunmehr nicht bloß an der Oberfläche des Wassers, sondern auch in der Tiefe bildet, und wir hören das Geräusch des Siedens, indem die Dampfblasen durch das Wasser steigen und in die Luft entweichen.

61. Der Siedepunkt hängt vom Druck ab.

Hier ist nun auch der Ort, anzuführen, daß die Temperatur oder der Wärmegrad, bei welchem Wasser siedet, kein ganz bestimmter Punkt ist, wie der, bei dem Eis schmilzt, sondern daß er vom Luftdruck abhängt. Wenn der Luftdruck verringert wird, siedet Wasser unter 100°. Der Luftdruck auf dem Gipfel eines hohen Berges ist, wie wir schon wissen, kleiner als am Fuße, weil man auf dem Gipfel eine kleinere Luftsäule, folglich ein kleineres drückendes Luftgewicht über sich hat als am Fuß. Auf dem Gipfel des Mont Blanc in der Schweiz z. B., der 4810 Meter hoch ist, siedet Wasser bei 84°; und wenn ein Reisender versuchen wollte, auf dem Gipfel des Mont Blanc ein Ei in einem Kessel zu kochen, so könnte er es stundenlang kochen, es würde doch nicht hart werden, denn 84° reichen nicht hin, um das Weiße eines Eies hart zu machen.

Würden wir anderseits Wasser auf dem Grunde eines tiefen Bergwerks kochen, so würden wir den Siedepunkt über 100° finden.

Versuch 42. — Der folgende sehr einfache Versuch zeigt, daß die Temperatur des Siedepunkts von dem Druck des Gases oder der Luft abhängt, der auf die Oberfläche des Wassers ausgeübt wird. Wir wollen eine Glasflasche halb mit Wasser füllen und das Wasser eine Zeitlang sieden lassen, bis der Dampf alle Luft aus dem oberen Teil der Flasche ausgetrieben hat, so daß wir nur Wasser und Wasserdampf in der Flasche haben. Nun wollen wir sie fest verkorken, von der Lampe abnehmen und umkehren, wie in Fig. 26. Wenn sie aufgehört hat zu sieden, nehmen wir einen Schwamm und träufeln etwas kaltes Wasser auf die Flasche, dann fängt das Sieden wieder an. Der Grund hiervon ist, daß, ehe das kalte Wasser darauf geträufelt wurde, ein bedeutender Dampfdruck auf dem Wasser in der Flasche lag und dieser Druck das Wasser am Sieden verhinderte; das kalte Wasser aber bewirkte, daß dieser Dampf sich verdichtete, sein Druck also verringert wurde, und da Wasser leichter bei niedrigem als bei hohem Drucke siedet, so fing es in der Flasche sofort wieder an zu sieden.

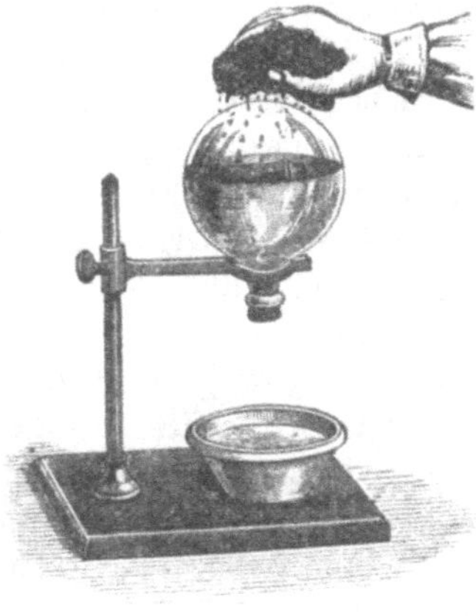

Fig. 26.

Bevor wir diesen Teil unseres Gegenstandes verlassen, ist noch anzuführen, daß einige Körper beim Schmelzen, d. h. wenn sie vom festen in den flüssigen Zustand übergehen, sich ausdehnen, während andere sich zusammenziehen.

Versuch 43. — Man nehme z. B. etwas Eis, das leichter ist als Wasser, wie daraus hervorgeht, daß das Eis auf dem Wasser schwimmt. Daraus folgt, daß, wenn Eis sich in Wasser verwandelt, eine Zusammenziehung stattfindet, eine Ausdehnung hingegen, wenn beim Vorgang des Frierens Wasser in Eis übergeht. Diese Ausdehnung geht mit großer Kraft vor sich; wenn man ein dickes Eisengefäß mit Wasser füllt und durch einen Hahn verschließt, so wird durch das Gefrieren des Wassers das Eisengefäß zersprengt. Gußeisen zieht sich, ebenso wie Eis, zusammen, wenn es schmilzt, oder, was dasselbe bedeutet, dehnt sich aus wie Wasser, wenn es gefriert oder fest wird. Wenn folglich flüssiges Eisen in eine Form gegossen wird, dehnt es sich beim Festwerden aus, so daß es die Höhlung der Form ausfüllt; es kann also mittelst einer Form gegossen werden. Gold, Silber und Kupfer hingegen dehnen sich aus, wenn sie schmelzen und ziehen sich zusammen, wenn sie fest werden, daher füllen sie nicht, wie Gußeisen, die Höhlung einer Form gänzlich aus; Münzen, die man aus diesen Metallen macht, können darum nicht gegossen, sondern müssen geprägt werden. Alle Stoffe aber dehnen sich sehr stark aus, wenn sie in Gas verwandelt werden; ein Kubikzentimeter siedenden Wassers wird in 1650 Kubikzentimeter Dampf verwandelt.

62. Andere Wirkungen der Wärme.

Wir haben gesehen, daß die Wärme die Körper ausdehnt oder sie größer macht, und daß sie auch deren Zustand verändert; denn aus festen Körpern werden

Flüssigkeiten und aus Flüssigkeiten werden Gase, wenn man fortwährend Wärme zuführt. Wir haben ferner gesehen, welche Gewalt die Wärme hat, wie durch sie die härteste Eisenstange in eine weißglühende Masse, so weich wie Sirup, und bei stärkerer Erhitzung in Dampf verwandelt wird. Die Wärme übt auf die Körper noch viele andere Wirkungen aus, z. B. befördert sie die Tätigkeit der chemischen Anziehung. So verbindet sich Kohle bei niedriger Temperatur nicht mit dem Sauerstoff der Luft, und wir können unsere Kohlen, solange wir wollen, in unserem Kohlenraum aufbewahren. Wenn man aber eine hinreichende Wärmemenge zuführt, so findet die Verbindung statt, und da diese Verbindung ihrerseits Wärme hervorbringt, so geht der Vorgang der Verbindung weiter, und man sagt, die Kohle verbrennt.

Ebenso wird in einem Experimente, das man in der Chemie anstellt und bei welchem Schwefel und Kupfer sich verbinden, zuerst Wärme zugeführt, um die Verbindung einzuleiten; wenn aber diese angefangen hat, so wird Wärme hervorgebracht, der Vorgang geht von selbst weiter und bedarf nicht mehr der Wärme einer Lampe.

63. Kältemischungen.

In der Chemie wird gelehrt, daß bei der chemischen Verbindung zweier Stoffe Wärme erzeugt wird, und das ist fast immer der Fall; nichtsdestoweniger wird zuweilen, wenn zwei Stoffe gemischt werden, die das Bestreben haben, eine Lösung zu bilden, Kälte und nicht Wärme hervorgebracht. So haben gewöhnliches

Salz und Schnee das Bestreben, eine Lösung zu bilden und tun das unter Hervorbringung großer Kälte, oder vielmehr, indem sie eine sehr große Wärmemenge verschlucken.

Versuch 44. — Um dies zu zeigen, wollen wir etwas schmelzendes Eis oder Schnee mit etwas Salz schnell zusammenmischen und die Kugel unseres Thermometers in die Mischung bringen. Das Quecksilber in der Röhre wird bald unter 0° fallen und dadurch anzeigen, daß diese Mischung kälter als schmelzendes Eis ist.

Woher kommt das nun? Die Ursache davon liegt in der Tatsache, daß wir, nachdem diese beiden Substanzen miteinander gemischt worden sind, keinen festen Körper mehr, sondern eine Flüssigkeit, nämlich starke Salzlösung haben. Nun haben wir gesehen, daß Wärme verschluckt oder latent wird, wenn Körper aus dem festen in den flüssigen Zustand übergehen, z. B. wenn Eis zu Wasser wird. Da also das Salzwasser eine Flüssigkeit ist, so verschluckt es, indem es sich bildet, einen Teil der Wärme des Schnees und Salzes; die Folge ist, daß wir eine sehr kalte Flüssigkeit als das Resultat der Verbindung zweier fester Körper erhalten. Wenn also zwei feste Körper sich ineinander auflösen, haben wir oft eine Temperaturerniedrigung, da durch das Flüssigwerden Wärme verschluckt wird. Solche Körper, sagt man, bilden Kältemischungen.

Ebenso ist eine Flüssigkeit, die in sehr schneller Verdampfung begriffen ist, sehr kalt, weil sie sehr vieler Wärme bedarf, um zu Dampf oder Gas zu werden, und diese Wärme sich nimmt, wo sie kann; wenn wir z. B. etwas flüssigen Äther auf die Hand tropfen lassen, so fühlt er sich sehr kalt an, indem er sich rasch in gasförmigen Äther verwandelt und dabei der Hand Wärme entzieht. Man kann zuweilen sehr niedrige Temperaturen oder sehr große Kälte dadurch hervorbringen, daß man gewisse Flüssigkeiten sehr schnell verdampfen läßt.

Versuch 45. Um dies zu zeigen, gieße man etwas Wasser in ein flaches Gefäß, stelle es zusammen mit einer Schale, die konzentrierte Schwefelsäure enthält, unter die Glasglocke der Luftpumpe und pumpe die Luft aus. Sobald der Luftdruck entfernt ist, verdampft ein Teil des Wassers sehr schnell, das zurückbleibende Wasser gibt die Wärme dazu her und kühlt sich dabei so stark ab, daß es zu Eis gefriert.

Verbreitung der Wärme.

Jetzt gehen wir zu einem anderen Teil unseres Gegenstandes über und betrachten das Bestreben der Wärme, sich auszubreiten. Ein heißer Körper bleibt nicht heiß, sondern gibt den kälteren Körpern, die ihn umgeben, von seiner Wärme ab; das tut er stets, aber er tut es je nach den Umständen in verschiedener Weise.

Versuch 46. — Wir wollen z. B. ein Schüreisen ins Feuer legen; dann dringt etwas von der Wärme des Feuers in den Teil des Schüreisens, der im Feuer ist, und wandert das Schüreisen entlang, bis sie das Ende, das am weitesten vom Feuer entfernt ist, warm macht, zuletzt so warm, daß wir es nicht mehr anfassen können. Diese Fortpflanzung der Wärme durch das Schüreisen nennt man Wärmeleitung.

Versuch 47. — Wir wollen ferner eine zwei Drittel mit Wasser gefüllte Flasche nehmen und sie von unten erwärmen. Indem die unteren Teilchen erwärmt werden, dehnen sie sich aus und werden dadurch leichter; folglich steigen sie in die Höhe, so wie ein Kork im Wasser in die Höhe steigt, und werden durch kältere, schwerere Teilchen von oben ersetzt. So wird beständig eine neue Reihe von Teilchen der Lampenwärme ausgesetzt, und nach einiger Zeit ist das ganze Wasser erhitzt und fängt an zu sieden. Diesen Vorgang nennt man Fortführung der Wärme.

Keiner von diesen beiden Vorgängen erklärt indessen, wie die Sonnenwärme zu uns kommt. Bei der Leitung sowie bei der Fortführung wird die Wärme durch Teilchen fester oder flüssiger Körper fortgepflanzt, aber wir haben Grund anzunehmen, daß sich keine solche Teilchen zwischen uns und der Sonne befinden, und doch wissen wir, daß das Sonnenlicht sowie die Sonnenwärme weniger als neun Minuten braucht, um von der Sonne durch eine Entfernung von etwa 21 Millionen Meilen zu uns zu gelangen. Augenscheinlich bewegt sich also die Wärme, die von der Sonne zu uns kommt, mit ungeheurer Geschwindigkeit und gelangt nicht dadurch zu uns, daß sie die Teilchen zwischen der Sonne und uns erwärmt. An einem Wintertage, wenn die Luft sehr kalt und nichts weniger als erwärmt ist, können die Sonnenstrahlen sehr wirksam sein. Den Vorgang nun, durch den die Wärme von der Sonne zu uns gelangt, nennt man Wärmestrahlung.

Wir haben also drei verschiedene Vorgänge, durch

die ein erwärmter Körper seine Wärme einem kalten mitteilt, nämlich Leitung, Fortführung und Strahlung. Wir wollen sie der Reihe nach betrachten.

65. Wärmeleitung.

Wir haben davon gesprochen, daß, wenn man ein Schüreisen ins Feuer hält, das andere Ende zuletzt so heiß wird, daß man es nicht anfassen kann. Wenn man aber statt eines metallenen Schüreisens oder einer Metallstange eine gläserne oder irdene Stange ins Feuer hält, so wird das andere Ende dieser Stange nie sehr heiß, weil Steingut die Wärme bei weitem nicht so gut leitet wie Metall. Wolle und Federn sind noch viel schlechtere Leiter, darum sind diese Stoffe von der Natur zur Bekleidung der Tiere ausgewählt, denn der Wärmegrad eines Tieres ist gewöhnlich größer als der der umliegenden Körper und wird durch das Kleid von Wolle, Federn oder Pelz, mit dem das Tier bedeckt ist, nicht leicht fortgeleitet. Ebenso versehen wir die Treibzylinder der Dampfmaschinen, um die Wärme am Entweichen zu hindern, mit Dampfmänteln, die aus einem schlecht leitenden Stoff gemacht sind.

Ein schlechter Leiter ist uns aber nicht nur dadurch nützlich, daß er keine Wärme entweichen läßt, sondern auch dadurch, daß er keine eintreten läßt; wie wir z. B. unsern Körper in Flanell hüllen, damit die Wärme nicht aus ihm entweicht, so hüllen wir auch einen Eisblock, den wir erhalten wollen, in Flanell, damit keine Wärme in ihn eindringt. Wärme durchdringt nämlich Flanell nur langsam, mag sie nun von innen nach außen oder von außen nach innen gehen.

Versuch 48. — Es ist sehr leicht zu zeigen, daß verschiedene Stoffe verschiedene Leitungsfähigkeit für Wärme haben. Auf der Figur 27 sehen wir zwei Stangen, eine kupferne und eine eiserne, deren Enden zusammenhängen; an diesen Enden werden sie durch eine Lampe erwärmt. Nachdem die Lampe eine Zeitlang gebrannt hat, nehmen wir zwei kleine Stücke Phosphor und legen eins davon auf das von der Flamme am weitesten entfernte Ende der Kupferstange. Es fängt bald Feuer. Nun legen wir das andere Stück

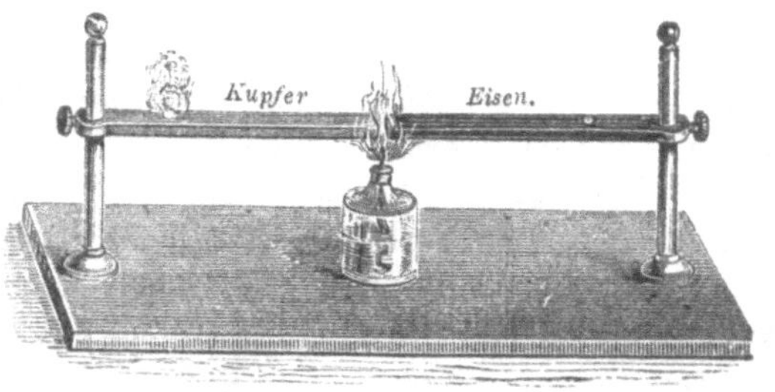

Fig. 27.

auf die Eisenstange in derselben Entfernung von der Lampe wie den brennenden Phosphor, und es fängt nicht Feuer. Hieraus ersehen wir, daß die Lampenwärme durch das Kupfer besser als durch das Eisen geleitet wird.

Die Wärmeleitung erklärt die Wirkung der Sicherheitslampe, die von Sir Humphrey Davy zum Gebrauch für Bergleute erfunden wurde; aber diese sehr nützliche Lampe wird in der Chemie erklärt (Abschnitt 41).

66. Fortführung der Wärme.

Wenn wir ein mit Wasser gefülltes Gefäß nehmen und auf seiner Oberfläche ein mit siedendem Öl gefülltes Gefäß schwimmen lassen, so finden wir, daß die Wärme des Öls sehr langsam durch die Flüssigkeit nach unten geleitet wird; ein Steigen der Temperatur ist ein paar Zoll tiefer kaum bemerkbar. Wenn wir aber das Gefäß mit Wasser anstatt von oben von unten erwärmen, wie auf der Figur, so wird in sehr kurzer Zeit das ganze Wasser durchwärmt und fängt an zu sieden. Wie schon bemerkt wurde, steigen die erwärmten und dadurch leichter gewordenen Teilchen in die Höhe und werden durch kältere und schwerere von oben ersetzt, so daß Strömungen entstehen in der Richtung der auf Fig. 28 angegebenen Pfeile; das erwärmte Wasser steigt in der Mitte herauf, und das kalte Wasser geht an den Seiten hinunter.

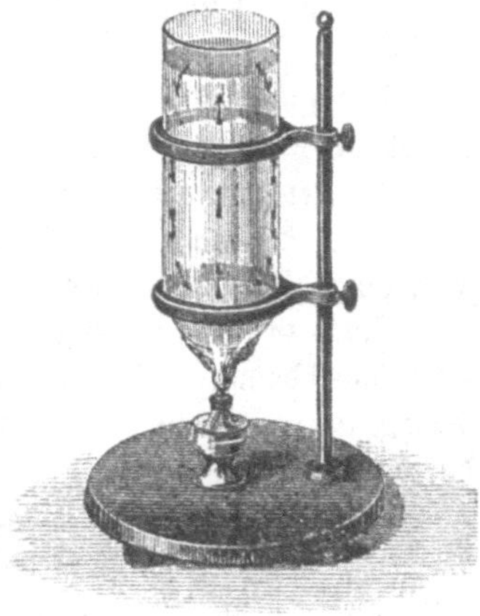

Fig. 28.

Es gibt in der Natur mehrere gute Beispiele von Fortführung der Wärme; ein See z. B., der an der Oberfläche durch die Wirkung heftiger Kälte abgekühlt wird, ist ein solches. Die Teilchen an der Oberfläche erkalten zuerst, werden infolgedessen schwerer, sinken unter und werden durch leichtere und wärmere Teilchen von unten ersetzt, so daß in kurzer Zeit die ganze Wassermasse auf eine Temperatur von ungefähr 4° über dem Gefrierpunkt abgekühlt ist; von nun an dehnt sich das Wasser, wenn es noch mehr abgekühlt wird, gegen die gewöhnliche Regel aus, anstatt sich zusammenzuziehen, und wenn Eis gebildet wird, schwimmt dieses Eis, da es leichter als Wasser ist, auf der Oberfläche.

Wenn nun das Eis schwerer wäre als das Wasser, so würde es, nachdem es gebildet worden, auf den Grund sinken, eine neue Oberfläche wäre dadurch bloßgelegt und der ganze See bald eine Eismasse. So aber kann die Kälte die zweite Wasserschicht nur dadurch zum Gefrieren bringen, daß sie das Eis der ersten durchdringt. Da nun dies ein sehr langsamer Prozeß ist, so ist keine Gefahr vorhanden, daß ein See durch und durch gefröre.

In der Luft haben wir auch starke Strömungen, die durch ungleichmäßige Erwärmung entstehen; infolge dieser steigt die heiße Luft eines Feuers durch den Schornstein in die Höhe und wird durch kalte Luft aus dem Zimmer ersetzt, und ganz dasselbe haben wir in großem Maßstabe bei dem gewaltigen System der Winde; denn an dem Teil der Erde, der Äquator heißt, wo die Sonne am mächtigsten wirkt, steigt die erwärmte Luft ebenso in die Höhe wie die Luft eines Feuers in den Schornstein steigt. Diese Luft wird dann durch Strömungen ersetzt, die von den Polen oder kälteren Teilen der Erde an der Erdoberfläche wehen. Wir haben also am Äquator ein System nach oben gerichteter Strömungen, die die warme Luft in den oberen Regionen der Atmosphäre zu den Polen hinübertragen, und andere Strömungen, die an der Erdoberfläche wehen und diese Luft abgekühlt zum Äquator zurückführen. Diese Strömungen an der Erdoberfläche, die von den Polen nach dem Äquator zu wehen, nennt man Passatwinde. (Physikalische Geographie, Abschnitt 68.)

67. Strahlende Wärme und Licht.

Der dritte Vorgang, durch den ein warmer Körper seine Wärme abgibt, ist die Strahlung, und durch diesen Vorgang erreicht die Sonnenwärme unsere Erde. Wir brauchen nur unsere Öfen zu beobachten, um ein Beispiel von diesem Vorgang zu erhalten. Wenn wir vor einem mächtigen Feuer stehen, so leiden unser Gesicht und unsere Augen von der Hitze. Selbst von einem mit heißem Wasser gefüllten Kessel geht strahlende Wärme aus, wenn auch seine Wärmestrahlen nicht, wie die des Feuers oder der Sonne, das Auge durchdringen und ihm die Empfindung des Lichtes geben. Wenn man also einen Körper, wie z. B. eine Tonkugel, erhitzt, findet folgendes statt: die Temperatur des Körpers fängt gleich an zu steigen, und infolgedessen gibt er Wärmestrahlen aus, aber dies sind dunkle Strahlen und wirken nicht auf das Auge. Wenn nun die Erwärmung fortgesetzt wird, so fangen einige der von dem Körper ausgehenden Strahlen an, auf das Auge zu wirken, und der Körper wird rotglühend, hierauf wird er gelbglühend, dann weißglühend und zuletzt glüht er mit einem intensiven Licht, das dem

Sonnenlicht gleicht. Wir wollen uns nun ein wenig mit diesen leuchtenden Strahlen beschäftigen, die von einem heißen Körper ausgehen.

68. Die Geschwindigkeit des Lichts.

Römer, ein dänischer Astronom, war der erste, der die Geschwindigkeit ermittelte, mit der das Licht den Raum durchläuft. Um dies zu verstehen, wollen wir uns an das erinnern, was stattfindet, wenn ein fernes Geschütz abgefeuert wird. Wir sehen einen Blitz, und einige Sekunden später hören wir einen Knall. Augenscheinlich erreicht also der Knall das Ohr nicht in demselben Augenblick, in dem das Geschütz abgefeuert wird, weil er hinter dem Licht zurückbleibt. Aber erreicht uns denn das Licht augenblicklich? Kann es nicht sein, daß Licht und Schall zu gleicher Zeit von der Kanone ausgehen, beide etwas Zeit brauchen, um zu uns zu gelangen, und das Licht den Wettlauf gewinnt und zuerst ankommt? Dieser Punkt kann nur durch Beobachtung oder Versuch entschieden werden, und Römer entschied ihn durch Beobachtung.

Es gibt einen großen Planeten, Jupiter genannt, der sich zuweilen in größerer, zuweilen in kleinerer Entfernung von der Erde befindet. Dieser große Planet hat mehrere Trabanten oder kleine Begleiter, von denen einer in regelmäßigen Zwischenräumen an der Scheibe oder der Oberfläche des Jupiter vorüberzieht, und durch ein starkes Fernrohr können wir sehen, wie der kleine Trabant die große Scheibe des Planeten durchkreuzt. Nun fand Römer, daß zu einer Zeit, zu der der Jupiter sich in größerer Entfernung von der

Erde befand, der Trabant später als er sollte, hindurchging, und er schloß daraus, daß wir auf der Erde den Durchgang des Trabanten über die Scheibe des Jupiter nicht in demselben Augenblick, in dem er stattfindet, sehen, sondern daß das Licht Zeit braucht, um vom Jupiter zu unserm Auge zu gelangen, gerade so wie der Knall eines fernen Geschützes nach dem Abfeuern Zeit braucht, um zu unserm Ohr zu gelangen.

Wir sehen also, daß das Licht, ebenso wie der Schall, Zeit braucht, um sich fortzupflanzen, nur geht das Licht viel schneller als der Schall. Das Licht durcheilt den Raum mit der ungeheuern Geschwindigkeit von 300,000 Kilometern in der Sekunde, während sich der Schall mit einer Geschwindigkeit von 340 Metern in derselben Zeit fortpflanzt. Das Licht braucht nur 8²/₃ Minuten, um von der Sonne zu uns zu kommen, obgleich ihre Entfernung von uns beinahe 21 Millionen Meilen beträgt. Würde also die Sonne plötzlich erlöschen, so würden wir dies erst 8²/₃ Minuten später bemerken.

Wir dürfen uns aber nicht vorstellen, daß das Licht aus kleinen Teilchen bestehe, die von heißen Körpern ausgeworfen werden und mit der ungeheuern Geschwindigkeit von 300,000 Kilometern in der Sekunde durch den Raum fliegen. Vielmehr, wenn man sagt, ein Lichtstrahl falle ins Auge, so meint man damit etwas Ähnliches, wie wenn man sagt, ein Schall trete ins Ohr. Wir haben schon erklärt, daß, wenn wir den Knall eines Geschützes hören, dies nicht so zu denken ist, daß kleine Luftteilchen den ganzen Weg von dem Geschütz zu unserm Ohr durchlaufen. Ebenso, wenn wir einen Lichtstrahl sehen, so ist dies nicht so zu denken, daß ein kleines Teilchen von dem leuchtenden Körper in unser Auge geworfen würde. In beiden Fällen geht ein Stoß oder eine Welle über das Medium zwischen uns und dem Körper hin, und der Stoß geht weiter von Teilchen zu Teilchen in der Weise, wie wir es bei dem Versuch mit den Elfenbeinkugeln beschrieben haben (Abschnitt 44).

69. Die Zurückwerfung des Lichts.

Wenn das Licht auf eine glatte Metalloberfläche fällt, wird es von dieser zurückgeworfen. Wenn wir ein angezündetes Licht vor einen Spiegel halten, sehen wir ein Bild des Lichts in dem Spiegel, d. h. die Strahlen des Lichts treffen auf den Spiegel und werden von diesem in unser Auge zurückgeworfen, gerade als ob sie von dem Spiegel selbst und nicht von dem Licht kämen.

Versuch 49. — Um zu verstehen, wie die Zurückwerfung stattfindet, wollen wir eine horizontale glatte Metalloberfläche nehmen, etwa Quecksilber in ein flaches Gefäß gießen. Dann stellen wir eine gebogene Röhre, die unten offen ist, auf das Quecksilber, wie auf Figur 29, und lassen das Licht der Kerze an dem rechten Ende in die Röhre eintreten. Wenn wir nun unser Auge vor das linke Ende bringen, sehen wir das Licht der Kerze zurückgeworfen von der Quecksilberoberfläche.

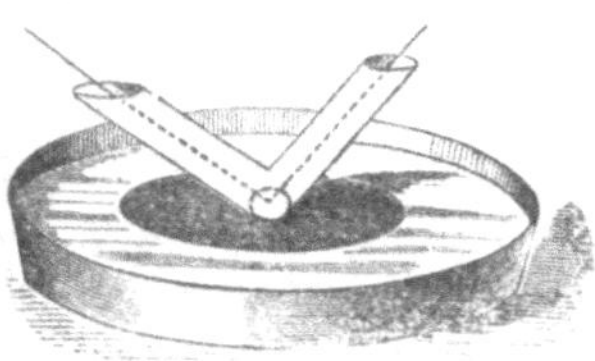

Fig. 29.

In diesem Versuch geht also das Licht der Kerze in der einen Röhre hinunter, trifft auf die Quecksilberoberfläche und kommt dann in der andern Röhre wieder herauf in das Auge. Damit dies aber geschehen kann, sind zwei Dinge nötig. Erstens müssen die beiden Röhren dieselbe schiefe Richtung oder Neigung haben, und zweitens muß die eine Röhre der anderen gerade gegenüber liegen, so daß beide eine Linie bildeten, wenn sie herunterfielen. Wenn also

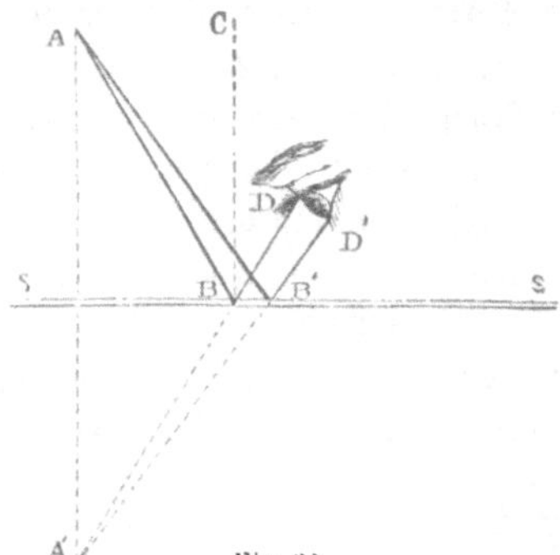

Fig. 30.

ein Lichtstrahl auf eine glatte Fläche fällt, so entfernt sich der zurückgeworfene Strahl von der Fläche in derselben Neigung, in welcher der einfallende Strahl sich näherte, und beide Strahlen würden auf die Oberfläche senkrecht herunterfallend eine gerade Linie bilden.

Man kann die Gesetze der Zurückwerfung ohne Geometrie nicht vollständig verstehen, aber durch die folgende Figur werden sie bis zu einem gewissen Grade verständlich. In der Figur 30 ist A ein heller Punkt, von dem Licht ausgeht, und S S ist ein Spiegel. A B,

A B' seien zwei der Lichtstrahlen von A, die bei B und B' auf den Spiegel treffen.

Diese treffen dann in das Auge des Beobachters in den Richtungen B D, B' D', da die Neigung des einfallenden Strahles A B gleich der Neigung des zurückgeworfenen Strahles B D und die Neigung des einfallenden Strahles A B' gleich der Neigung des zurückgeworfenen Strahles B' D' ist. Wenn wir uns nun die Richtung der beiden Strahlen B D und B' D' unter dem Spiegel verlängert denken, so würden sie in dem Punkte A' zusammentreffen, der ebenso tief unter dem Spiegel liegt wie der leuchtende Punkt A über ihm. Für das Auge scheinen daher die Strahlen von A' auszugehen, so daß der scheinbare Ort des zurückgeworfenen Bildes A' ebenso weit hinter dem Spiegel als der leuchtende Punkt A vor ihm ist.

Daher sehen wir immer, wenn wir gerade vor einem Spiegel stehen, unser eigenes Bild ebenso weit hinter dem Spiegel, als wir selbst vor ihm stehen; wenn wir uns dem Spiegel nähern, so nähert sich das Spiegelbild ebenfalls; wenn wir uns wieder entfernen, so entfernt sich das Spiegelbild, usw. Wir bemerken aber einen Unterschied, nämlich, daß unsere rechte Hand die linke Hand des Bildes ist und unsere rechte Seite die linke des Bildes, im übrigen ist das Bild eine genaue Kopie von uns.

Auf Fig. 31 sehen wir in dem untern Teil das Bild des obern Teils und bemerken, daß auf dem Bilde die Buchstaben von rechts nach links gehen und nicht von links nach rechts.

Wenn die helle zurückstrahlende Fläche nicht eben

ist, so entstehen bisweilen sonderbare Bilder. Nehmen wir z. B. die glänzende Quecksilberoberfläche der Thermometerkugel und sehen hinein. Dann sehen wir darin ein sehr kleines verzerrtes Bild von uns und vom ganzen Zimmer, nur sind die weiter entfernten Teile des Zimmers außerordentlich klein.

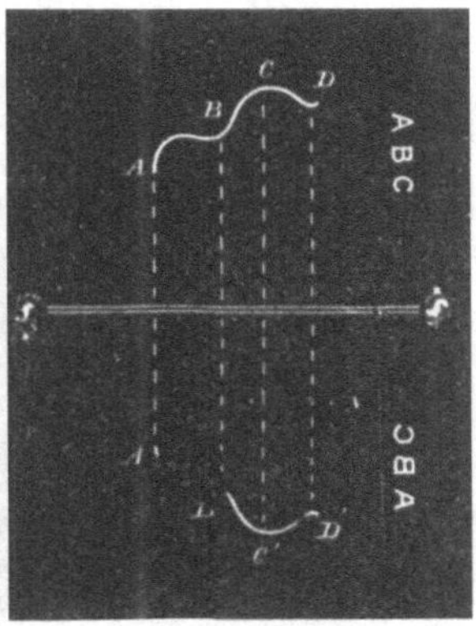

Fig. 31.

Nehmen wir wieder zwei blanke Hohlspiegel, wie auf Fig. 22, bringen aber nicht eine Uhr in den Brennpunkt des einen Spiegels und unser Ohr in den des andern, sondern eine rotglühende Kugel in den Brennpunkt des einen und unsere Hand in den des andern, dann wird es uns dort bald zu heiß werden.

Wenn wir zwei große Reflektoren dieser Art hätten und in dem Brennpunkt des einen ein Feuer brennte, so könnten wir in dem Brennpunkt des andern ein Stück Fleisch braten, wenn auch die beiden Reflektoren 20 Meter voneinander entfernt wären. Das kommt daher, daß die Wärmestrahlen des Feuers in dem einen Brennpunkt auf den ihm zunächst befindlichen Spiegel fallen und von diesem in solchen Richtungen zurückgeworfen werden, daß sie auf den andern Reflektor fallen, von diesem werden sie dann in solchen Richtungen zurückgeworfen, daß sie alle in dem Brennpunkte dieses Reflektors zusammentreffen. Wir haben also gleichsam das brennende Feuer selbst in dem einen Brennpunkt und ein Bild des Feuers in dem andern, und das Bild ist heiß genug, daß man darin ein Stück Fleisch braten kann.

70. Die Brechung des Lichts.

Versuch 50. — Man lege einen kleinen schweren Körper auf den Boden eines irdenen oder zinnernen

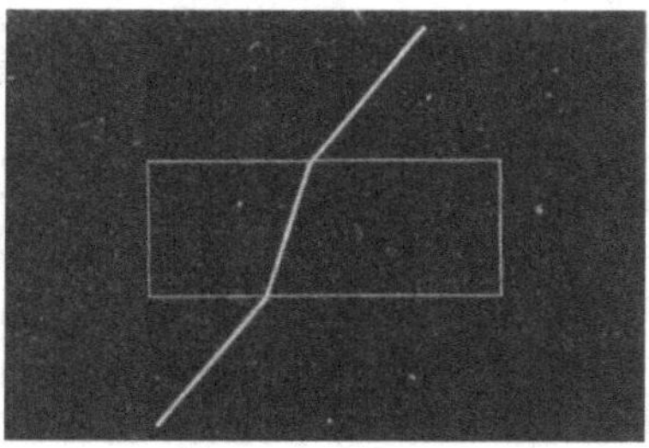

Fig. 32.

Kruges und bringe das Auge in eine solche Lage, daß die Wände des Gefäßes den Körper gerade verdecken; füllt man nun den Krug mit Wasser, so wird der kleine Körper auf dem Boden wieder sichtbar. Woher kommt das? Daher, daß ein Lichtstrahl, der von dem kleinen Körper auf dem Grunde des Wassers ausgeht, von seiner Richtung abgelenkt wird, wenn er die Oberfläche des Wassers verläßt; wir können daher den kleinen Körper tatsächlich um die Ecke sehen, und wenn dieser ein kleiner Fisch wäre, so könnte er uns auch sehen.

Hieraus geht hervor, daß ein Lichtstrahl, wenn er schief auf eine Wasserfläche trifft, so gebrochen wird, daß er weniger schief ist, nachdem er in das Wasser eingetreten; wenn anderseits ein Lichtstrahl aus dem Wasser austritt, so wird er so gebrochen, daß er schiefer ist, nachdem er in die Luft getreten ist. Dasselbe würde stattfinden, wenn der Lichtstrahl in eine Oberfläche durchsichtigen Glases anstatt in eine Wasserfläche träte; ein schief treffender Strahl würde weniger schief sein, nachdem er in das Glas eingetreten ist. Bei einem

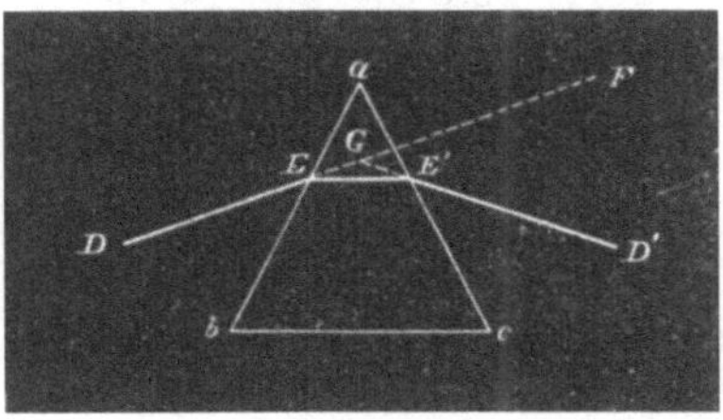

Fig. 33.

flachen dicken Stück Glas würde der Lichtstrahl den Lauf nehmen, der in der vorstehenden Figur angegeben ist; wir sehen in dieser, daß sein Weg, ehe er in das Glas eintrat, und sein Weg, nachdem er das Glas verlassen hat, in derselben Richtung liegt (wenn auch nicht auf derselben Linie), während sein Weg in dem Glase eine ganz andere Richtung hat.

Gesetzt aber, das Stück Glas sei nicht flach, sondern keilförmig, es habe nämlich eine Grundfläche wie in Fig. 33 und sehe auf dieser stehend aus wie Fig. 34. Ein solches Stück Glas heißt ein Prisma.

Wir wollen nun sehen, in welcher Weise ein Lichtstrahl gebrochen wird, wenn er durch ein Prisma geht.

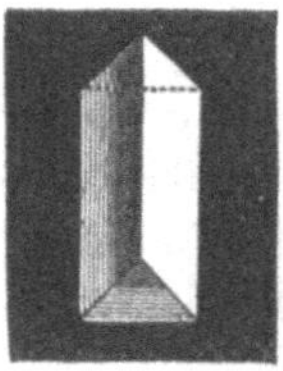

Fig. 34.

Dies ist auf Fig. 33 dargestellt, auf der man sieht, daß der Strahl nach dem dicken Teil des Prismas hin gebrochen wird. Die Richtung des Strahles wird in der Tat gänzlich verändert.

Wir sehen also, daß, wenn ein Lichtstrahl durch ein keilförmiges Stück Glas geht, er gegen den dickeren Teil des Keiles gebrochen wird.

71. Die Linsen und die durch sie erzeugten Bilder.

Nun wollen wir die Form des Glasstückes in folgender Weise verändern. Es habe die Gestalt einer Linse, sei also zwar kreisförmig wie eine Münze, aber in der Mitte dicker als am Rande, so daß es von oben betrachtet wie ein Kreis aussieht, von der Seite aber so, wie es Fig. 35 zeigt.

Fig. 35.

Ein solches Glasstück nennt man eben wegen seiner Gestalt eine L i n s e. Gesetzt, ein Bündel Lichtstrahlen falle von ferne auf eine Linse. Was wird geschehen? Die Linse wirkt wie ein kreisförmiger Keil; sie ist wirklich ein kreisförmiger Keil, und da sie in der Mitte am dicksten ist, werden die Lichtstrahlen rund um die Linse nach der Mitte zu gebrochen. Sie vereinigen sich in einem Punkt oder wenigstens nahezu in einem Punkt, wie auf Fig. 36 zu sehen ist.

Wir wollen nun, wenn die Sonne scheint, eine

Linse so aufstellen, daß die Sonnenstrahlen voll auf die Oberfläche treffen; diese Strahlen werden dann in einem Punkt oder wenigstens nahezu in einem Punkt auf der andern Seite der Linse vereinigt; bringen wir ein Blatt Papier an diesen Punkt, so sehen wir ein kleines helles Bild der Sonne, und dieses ist so heiß, daß es das Blatt Papier entzündet, denn die Linse wirkt jetzt wie ein Brennglas.

Versuch 51. — Eine solche Linse gibt ebensogut von jedem andern Gegenstand ein Bild wie von der Sonne; in der Camera obscura oder dunkeln Kammer

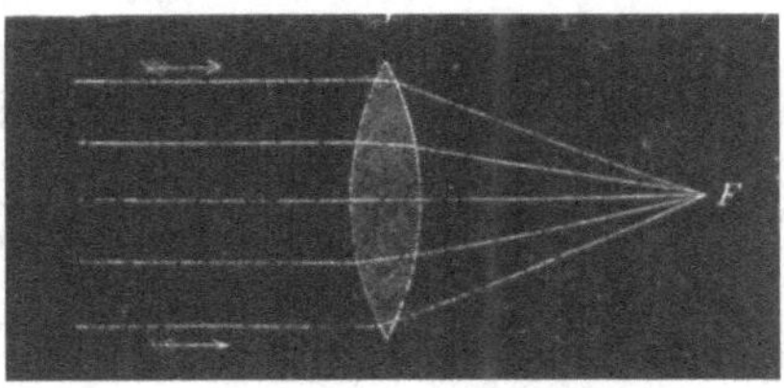

Fig. 36.

besitzt man z. B. eine Vorrichtung, vermittelst welcher die Lichtstrahlen einer Kerze voll auf eine Linse fallen, und man erhält auf einem Stück Ölpapier, das auf der andern Seite der Linse angebracht ist, ein Bild der Kerze; nur, wie wir sehen, ein umgekehrtes. Wenn wir überhaupt irgendeinen hellen Gegenstand in einiger Entfernung vor eine Linse bringen, so erhalten wir hinter der Linse ein kleines Bild dieses Gegenstandes. Wenn wir unser Gesicht vor die Linse bringen, so ist hinter der Linse ein kleines Bild unseres Gesichts. Ganz dasselbe tut ein Photograph. Er hat einen schwarzen Kasten mit einer Linse an der einen

Seite, wie wir auf untenstehender Figur sehen. Er richtet die Linse auf eine Landschaft oder das Gesicht eines Menschen; dann ist in dem Kasten ein kleines Bild der Landschaft oder des Gesichts vorhanden, das läßt er zuerst auf eine Glastafel fallen, damit er es sehen und erkennen kann, ob es richtig ist. Dann nimmt er diese Tafel heraus und schiebt statt ihrer eine Glasplatte hinein, deren Oberfläche mit einer besonderen Substanz, auf die das Licht wirkt, bedeckt ist. Das Bild in dem Kasten fällt nun gerade auf diese empfindliche Substanz, die hellen Teile des Bildes wirken auf die Oberfläche und verändern deren Beschaffenheit, aber die dunklen Teile nicht. Hierdurch prägt das Bild einen Abdruck von sich der Substanz ein, aber in diesem Abdruck erscheinen die hellen Teile des Bildes dunkel und die dunklen hell, daher nennt man es ein Negativ. Von diesem Negativ werden nachher die gewöhnlichen Bilder oder Positive abgenommen.

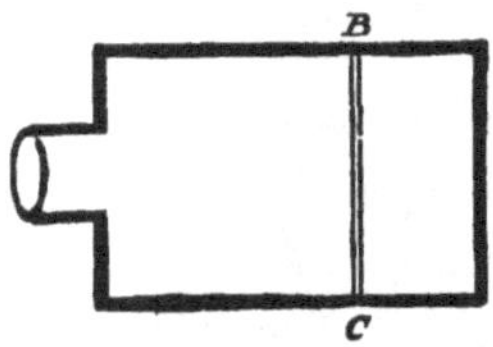

Fig. 37.

72. Die Vergrößerungsgläser.

Vermittelst einer Linse kann man jeden sehr kleinen Gegenstand vergrößern; sie spielt dann die Rolle eines Vergrößerungsglases, mit dem jeder ohne Zweifel bekannt ist. Zu diesem Zwecke müssen wir das Glas sehr nahe an den Gegenstand bringen, der vergrößert werden soll. Wir könnten z. B. nicht durch ein derartiges Vergrößerungsglas einen fernen Gegenstand, etwa einen Planeten oder den Mond vergrößern, sondern nur etwas, das in unserer Nähe ist. Wenn wir einen Planeten oder den Mond vergrößern wollen, so müssen wir zwei Gläser anwenden, ein großes Glas, durch das wir ein Bild des Planeten oder des Mondes erhalten — ebenso wie wir durch ein Brennglas ein Bild der Sonne erhalten —, und ein Vergrößerungsglas, durch das wir das Bild, welches das andere Glas uns geliefert hat, vergrößert betrachten.

Wenn wir also einen nahen Gegenstand vergrößern wollen, gebrauchen wir ein Vergrößerungsglas; wenn wir aber einen fernen Gegenstand vergrößern wollen, so müssen wir zuerst vermittelst einer Linse ein nahes Bild des fernen Gegenstandes hervorbringen, dann können wir dieses Bild, indem wir es gerade so behandeln wie den Gegenstand selbst, mittelst eines Vergrößerungsglases vergrößert betrachten. Diese Verbindung zweier Gläser, von denen das eine uns ein Bild eines fernen Gegenstandes liefert und das andere dieses Bild vergrößert, nennt man ein Fernrohr. Beim Gebrauch sind diese Gläser in Röhren eingeschlossen, um Nebenlicht abzuhalten.

73. Verschiedene Lichtarten werden verschieden gebrochen.

In Abschnitt 70 haben wir gesehen, wie ein Lichtstrahl beim Durchgang durch ein Prisma gebrochen wird. Wir haben jetzt hinzuzufügen, daß diese Brechung nicht für jede Lichtart dieselbe ist. Auf Fig. 38 sieht man, wie ein roter Lichtstrahl gebrochen wird, wenn er durch ein Prisma geht. Ist der Strahl orange anstatt rot, so wird er noch etwas mehr von seiner ursprünglichen Richtung abgelenkt, gelbe Strahlen werden noch mehr, grüne noch mehr als gelbe, hellblaue noch mehr als grüne, dunkelblaue wieder mehr als hellblaue und violette noch mehr als dunkelblaue abgelenkt. Ist nun der Strahl ein zusammengesetzter, der diese sieben Farben (rot, orange, gelb, grün, hellblau, dunkelblau und violett) gemischt enthält, so wird jede von ihnen, wenn sie aus dem Prisma austritt, anders gebrochen als ihre Nachbarn und wird daher von diesen getrennt, obgleich sie vermischt waren, als sie in das Prisma eintraten. Ein Prisma löst also einen zusammengesetzten Lichtstrahl in seine Elemente auf, indem es die verschiedenen Farben voneinander trennt.

Es wird uns zuerst überraschen, wenn wir hören, daß weißes Licht, wie z. B. das Sonnenlicht, in Wirklichkeit aus einer Mischung aller der verschiedenen Farben besteht, die ich oben angegeben habe: rot, orange, gelb usw.; etwas Nachdenken überzeugt uns aber bald, daß dies in der Tat der Fall ist. Wir alle kennen das prachtvolle Farbenspiel, das man an Tautropfen, Kristallen und Edelsteinen sieht, wenn Lichtstrahlen auf sie fallen. Dann funkeln sie in allen Farben des Regenbogens, und gerade dieser Ausdruck legt die Frage nahe, ob die Regenbogenfarben nicht dieselbe Ursache haben wie die Farben der Edelsteine. Läßt nicht schon sein Name auf das Vorhandensein einer Menge winziger Wassertropfen am Himmel schließen, wie sie im Grase uns gleich unzähligen Diamanten entgegenblinken? Entsteht nicht alle diese Pracht aus derselben Ursache? Und wenn dem so ist, was ist die Ursache? Wir verdanken ihre Entdeckung Sir Isaak Newton, der zuerst zeigte, daß weißes Licht wirklich aus einer großen Zahl verschieden gefärbter Strahlen zusammengesetzt ist, und daß diese Strahlen bei ihrem Durchgang durch gewisse Stoffe voneinander getrennt werden. Das Prisma macht es uns möglich, wie wir schon gesagt haben, die verschiedenen farbigen Strahlen eines zusammengesetzten Strahles voneinander zu trennen.

Gesetzt z. B., wir hätten in dem Laden eines dunklen Zimmers einen schmalen vertikalen oder von oben nach

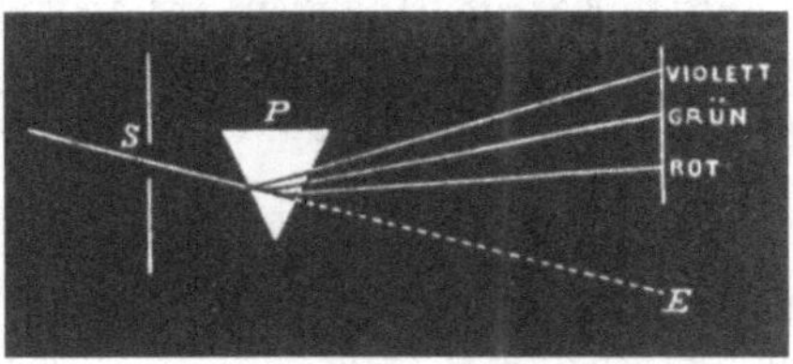

Fig. 38.

unten gehenden Spalt, durch den wir das volle Sonnenlicht eintreten lassen; Fig. 38 gibt ein Bild von dieser Vorrichtung, wie sie uns erscheint, wenn wir von oben, wie man sagt, aus der Vogelperspektive auf sie herabsehen. Denken wir uns nun zunächst das Prisma fort und schauen von E aus durch den Spalt in dem Laden bei S, so sehen wir einen hellen Spalt und weiter nichts. Der Spalt dient uns als eine Öffnung, durch die wir die helle Sonne draußen sehen können. Jetzt bringen wir das Prisma an seinen Ort, wie in der Abbildung; wenn wir das getan haben, sieht unser Auge in E nicht mehr den Spalt. Bewegen wir aber unser Auge nach dem dicken Teil des Prismas, so fangen wir das Licht aus dem Spalt auf, aber es sieht nun ganz anders aus. Es tritt jetzt nicht in unser Auge in der Form eines hellen dünnen Spaltes wie vorhin, sondern es erscheint als ein breites, vielfach gefärbtes Lichtband, das mit rot an dem einen Ende anfängt und allmählich der Reihe nach durch orange, gelb, grün, hellbau und dunkelblau in violett am anderen Ende übergeht.

Alles dies erklärt sich leicht durch das, was wir schon gesagt haben, wenn wir bedenken, daß weißes Sonnenlicht in Wirklichkeit aus all den verschiedenen Farben zusammengesetzt ist. Demnach werden die Strahlen bei ihrem Durchgang durch das Prisma nicht nur gebrochen, sondern sie werden verschieden gebrochen. Jede verschiedene Lichtart gibt ihren besonderen Spalt an einer besonderen Stelle. Daher erhalten wir von dem Spalt eine Menge kleiner heller Bilder, die nebeneinander liegen und nun nicht einen Spalt, sondern ein Lichtband bilden, wobei das Rot an einem Ende liegt, weil die roten Strahlen am wenigsten gebrochen werden, und das Violett am anderen Ende, weil die violetten Strahlen am meisten gebrochen werden. Dieses verschieden gefärbte Lichtband heißt ein Spektrum, und wenn wir das Sonnenlicht anwenden, um unseren Spalt zu erhellen, so erhalten wir das Sonnenspektrum.

74. Wiederholung.

Wir haben nun viel über strahlende Wärme und Licht gelernt. Erstens haben wir gesehen, daß die Körper, wenn man anfängt, sie zu erhitzen, zuerst dunkle Strahlen aussenden, daß aber, wenn man die Temperatur noch mehr erhöht, die Strahlen leuchtend werden und auf das Auge wirken. Dann lernten wir einiges über die Zurückwerfung dieser Strahlen von glatten Oberflächen. Es wurde weiter gezeigt, daß die Richtung der Strahlen sich ändert, wenn sie durch Wasser oder Glas gehen, und daß ein Glasprisma sie gegen seinen dickeren Teil hin bricht. Ferner haben wir gesehen, daß eine Linse alle Strahlen rund herum nach ihrem Mittelpunkt oder dicksten Teil hin bricht; daß wir ein kleines helles Bild der Sonne erhalten, wenn wir das Sonnenlicht auf eine Linse fallen lassen, und daß dieses Bild ein Blatt Papier anzünden oder die Hand verbrennen kann.

Weiter haben wir gesehen, daß wir auch vom Mond oder einem Planeten durch eine Linse ein solches Bild erhalten; daß, wenn wir uns einem solchen Bilde mit einem Vergrößerungsglase nähern und in dieses hineinsehen, wir einen sehr großen Mond oder Planeten erblicken; daß endlich diese Verbindung zweier Gläser ein Fernrohr genannt wird. Schließlich haben wir gelernt, daß verschiedenfarbige Lichtstrahlen durch ein Prisma nach verschiedenen Richtungen hin gebrochen werden, so daß ein Prisma alle Elemente eines zusammengesetzten Lichtstrahls voneinander trennt.

Ehe wir nun schließen, wollen wir ein wenig die Natur der Wärme studieren.

75. Die Natur der Wärme.

Wir haben schon die Wärme mit dem Schall verglichen und gesehen, daß ein erwärmter Körper Energie besitzt. Wir nehmen jetzt den Vergleich noch einmal auf. Beim Schall haben wir unsere Aufmerksamkeit auf zwei Dinge zu richten; erstens auf den Körper, der schwingt, und zweitens auf die Stöße, die dieser Körper durch die Luft unserm Ohr zuschickt, und durch die wir einen Schall hören.

Nun haben wir gesehen, daß bei einem erwärmten Körper die kleinen Teilchen sich in sehr schneller Schwingung befinden, und daß, ebenso wie von einem schwingenden Körper Schall ausgeht, der auf das Ohr wirkt, von einem erwärmten Körper Licht ausgeht, das auf das Auge wirkt. Wie bringt man aber einen Körper in Schwingung, z. B. eine Trommel oder eine Glocke? Dadurch, daß man ihm einen Schlag gibt. Man läßt den schweren Klöppel schnell gegen die Wand der Glocke fallen, dann fängt sie an zu schwingen; dieser Klöppel nun ist, ehe er die Glocke trifft, ein Körper in schneller Bewegung, besitzt also Energie und kann Arbeit leisten. Was wird aber aus seiner Energie, nachdem er die Glocke getroffen hat? Er hat seine eigene Energie an die Glocke abgegeben, denn die Glocke schwingt jetzt, und ein schwingender Körper besitzt, wie wir schon wissen, Energie. Die Energie des der Glocke gegebenen Schlages ist also nicht verloren gegangen, sondern nur von dem Klöppel auf die Glocke übertragen. Angenommen aber, ein Schmied legt ein Stück Blei auf den Ambos und läßt seinen Hammer mit einem schweren Schlag darauf niederfallen, dann hören wir einen dumpfen Schall; aber es erfolgt keine Schwingung wie bei der Glocke. Was wird nun in diesem Falle aus der Energie des

Schlages? Sie wird nicht wie bei der Glocke in Schwingungen umgesetzt, die das Ohr treffen; in was wird sie also verwandelt? Oder wird sie überhaupt in irgend etwas verwandelt? Die Antwort ist: sie wird in Wärme verwandelt. Der Schlag hat das Blei erwärmt und alle seine Teilchen in Schwingung versetzt, wenn auch nicht in derselben Weise wie bei der Glocke; und wenn der Schmied lange genug auf das Blei schlägt, kann er es sogar schmelzen.

Manche von uns haben gewiß schon viel Energie aufgewandt, um einen Knopf an einem Stück Holz blank zu reiben. Was ist nun aus all der Energie geworden, die wir auf den Knopf verwandt haben? Wir antworten: sie ist in Wärme umgesetzt, wie wir leicht finden können, wenn wir den Knopf nach dem Reiben schnell auf den Rücken unserer Hand legen.

Versuch 52. Um zu zeigen, wie die Energie eines Schlages in jene andere Art Energie, die man Wärme nennt, verwandelt wird, nehmen wir ein Wachsstreichhölzchen, legen es auf eine Steinplatte und schlagen einmal mit einem Hammer oder Stein darauf; dann finden wir, daß die entwickelte Wärme hinreicht, um den Phosphor zu entzünden.

Reibung bringt also Wärme hervor, und in dunkler Nacht kann man bemerken, daß aus der Bremse, die die Bewegung eines Eisenbahnzuges aufhält, Funken fliegen.

In allen solchen Fällen wird sichtbare Energie in diejenige Form der Energie, die wir Wärme nennen, verwandelt und der Unterschied zwischen beiden ist, daß wir bei der sichtbaren Energie die Bewegung des

Körpers oder seiner Teile sehen können, während bei der Wärme die Bewegungen, teils weil sie nach den verschiedensten Richtungen hin, teils weil sie zu schnell erfolgen, uns verborgen bleiben und der Körper sich in Ruhe zu befinden scheint. Sichtbare Energie kann also in Wärme verwandelt werden, außerdem aber kann Wärme teilweise wieder in sichtbare Energie verwandelt werden. Was leistet z. B. bei einer Dampfmaschine alle Arbeit? Ist es nicht das Feuer, das das Wasser im Kessel erhitzt? Hierbei verwandelt sich ein Teil der Wärmeenergie der brennenden Kohlen wirklich in die sichtbare Energie, mit der der Kolben sich auf und nieder bewegt und das Schwungrad sich dreht. Alle Arbeit, die von Dampfmaschinen geleistet wird, ist Arbeit, die aus Wärme entsteht. Man kann also nicht nur sichtbare Energie in Wärme, sondern auch umgekehrt wie bei der Dampfmaschine Wärme wieder in sichtbare Energie verwandeln.

Elektrisierte Körper.

76. Leiter und Nichtleiter.

Man wußte schon vor mehr als zweitausend Jahren, daß ein Stück Bernstein, wenn es mit Seide gerieben wird, leichte Körper anzieht, und Dr. Gilbert zeigte vor ungefähr dreihundert Jahren, daß viele andere Körper, wie z. B. Schwefel, Siegellack und Glas, dieselbe Eigenschaft wie Bernstein haben.

Das ist der unscheinbare Anfang der Wissenschaft von der Elektrizität, und diese Wissenschaft hat sich in letzter Zeit so wunderbar erweitert, daß wir durch sie imstande sind, Nachrichten von Europa in weniger als einer Sekunde nach Amerika zu schicken.

Versuch 53. Man nehme einen mit einem Glasstiel versehenen Metallstab und reibe das Glas mit einem Stück Seidenzeug, wobei Glas und Seide warm und ganz trocken sein müssen. Das Glas hat hierdurch die Fähigkeit erhalten, kleine Schnitzel Papier oder Hollundermark anzuziehen, aber nur an der Stelle, wo es gerieben ist. Das Glas hat also durch die Reibung eine neue Eigenschaft erhalten, aber diese Eigenschaft kann sich nicht über seine Oberfläche ausbreiten. So viel vom Glas. Jetzt nehmen wir den Metallstab und berühren mit ihm den Konduktor einer in Tätigkeit gesetzten Elektrisiermaschine, dann finden wir, daß der Metallstab dieselbe Eigenschaft erlangt wie das Glas, d. h. er zieht leichte Körper, wie Papier oder Hollundermark, an; aber alle Teile des Metallstabes haben dieselbe Eigenschaft und nicht nur der Teil, der die Elektrisiermaschine berührt hat. Elektrizität kann sich nämlich über eine Metallfläche verbreiten, während sie sich über eine Glasfläche nicht verbreiten kann. Glas ist daher, wie man sagt, ein Nichtleiter der Elektrizität, Metall hingegen ein Leiter. Weder Wärme noch Elektrizität können sich leicht über Glas verbreiten, aber beide verbreiten sich leicht über Metall; Gaskohle, Säuren, Salzlösungen, Wasser und tierische Körper sind ebenfalls gute Leiter der Elektrizität, wenn auch nicht so gute wie die Metalle; anderseits sind Kautschuk, Luft, Seide, Glas, Wachs, Schwefel, Bernstein und Schellack sämtlich sehr schlechte Leiter.

Wenn uns die Versuche mit der Elektrizität gelingen sollen, so ist es durchaus notwendig, daß wir die Elektrizität festhalten, wenn wir sie einmal haben; wir müssen sie auf allen Seiten mit Nichtleitern umgeben. Das geschieht, wenn wir unsere Versuche in trockener Luft anstellen und den Körper, auf welchem die Elektrizität sich befindet, auf eine Glasstütze stellen.

77. Die beiden Arten der Elektrizität.

Versuch 54. — Wir wollen uns jetzt davon überzeugen, daß es zwei entgegengesetzte Arten von Elektrizität gibt. Dazu benutzen wir den Apparat, der auf Fig. 39 abgebildet ist; er besteht aus einer Kugel von Hollundermark, die mittelst eines Seidenfadens an ein Glasgestell gehängt ist. Zunächst reiben wir einen Glasstab mit Seide und berühren mit dem so geriebenen Stab die Hollundermarkkugel. Dann teilt das Glasende der Hollundermarkkugel Elektrizität mit, die aus dieser nicht entweichen kann, weil der Seidenfaden, das Glasgestell und die Luft rund um die Kugel sämtlich schlechte Leiter sind. Wir können nun bemerken, daß, nachdem der Glasstab die Markkugel berührt hat, diese Kugel nicht mehr von dem

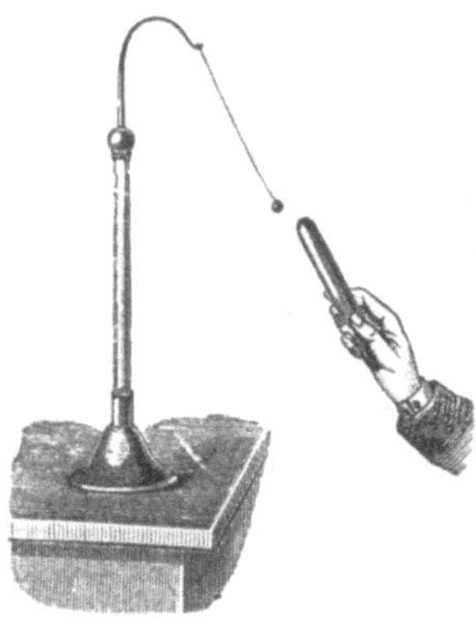

Fig. 39.

Glasstabe angezogen, sondern im Gegenteil von ihm abgestoßen wird. Jetzt wollen wir eine Stange Siegellack mit einem Stück warmen trockenen Flanells reiben und die so geriebene Stange in die Nähe der Markkugel bringen, dann finden wir, daß die Markkugel, die von dem erregten Glas abgestoßen wurde, von dem erregten Siegellack angezogen wird.

Die Hollundermarkkugel also, die nach der Berührung mit dem erregten Glas von diesem abgestoßen wurde, wird von erregtem Siegellack angezogen. Kehren wir die Reihenfolge unserer Versuche um und berühren zuerst die Hollundermarkkugel mit durch Flanell erregtem Siegellack anstatt mit erregtem Glas, so wird sie von dem erregten Siegellack abgestoßen aber von dem erregten Glas angezogen.

Wir lernen hieraus, daß es zwei Arten von Elektrizität gibt, nämlich diejenige, die wir aus dem durch Seide erregten Glase und diejenige, die wir aus dem durch Flanell erregten Siegellack erhalten.

Als wir die Hollundermarkkugel mit dem erregten Glase berührten, teilten wir ihr einen Teil der Elektrizität des Glases mit, und daraus, daß sie später von dem erregten Glase abgestoßen wurde, schließen wir, daß **Körper, die mit derselben Art von Elektrizität oder, wie man sagt, mit gleichnamiger Elektrizität geladen sind, sich gegenseitig abstoßen.** Anderseits ward die Hollundermarkkugel, als sie durch das erregte Glas geladen war, von dem erregten Siegellack angezogen, und als sie durch das erregte Siegellack geladen war, von dem erregten Glase angezogen; hieraus schließen wir, daß

Körper, die mit entgegengesetzten Arten von Elektrizität oder, wie man sagt, mit ungleichnamiger Elektrizität geladen sind, sich gegenseitig anziehen.

78. Sie sind miteinander verbunden in nicht erregten Körpern vorhanden.

Wir können annehmen, daß jede Substanz diese beiden Arten von Elektrizität gemischt enthält, und daß wir durch das Reiben nur die beiden Elektrizitäten voneinander trennen. Wenn wir daher ein Stück Siegellack mit einem Stück Flanell reiben, tun wir nichts weiter, als daß wir die beiden Arten von Elektrizität voneinander trennen, wobei die eine Art auf dem Siegellack, die andere auf dem Flanell bleibt. In gleicher Weise tun wir, wenn wir Glas mit Seide elektrisch machen, nichts weiter, als daß wir die beiden Elektrizitäten trennen, wobei die eine auf dem Glase bleibt, während die andere an der Seide haftet. Dasselbe geschieht in allen Fällen, in denen Elektrizität durch Reibung entwickelt wird, und es ist unmöglich, die eine Elektrizität hervorzubringen, ohne zu gleicher Zeit ebensoviel von der andern zu erzeugen.

Kurz, wir schaffen keine Elektrizität, sondern wir trennen nur die beiden entgegengesetzten Arten voneinander.

Die Elektrizität, die sich in einer Glasstange zeigt, wenn diese mit Seide gerieben wird, heißt die positive, und diejenige, welche in einer Siegellackstange erscheint, wenn diese mit Flanell gerieben wird, heißt die negative. Dies sind bloß Ausdrücke, die man braucht, um die beiden Arten von Elektrizität voneinander zu unterscheiden.

79. Die Wirkung erregter Körper auf nichterregte.

Wir haben gesehen, daß gleichartige Elektrizitäten sich abstoßen, während Elektrizitäten von entgegengesetzter Art sich anziehen; nun müssen wir noch

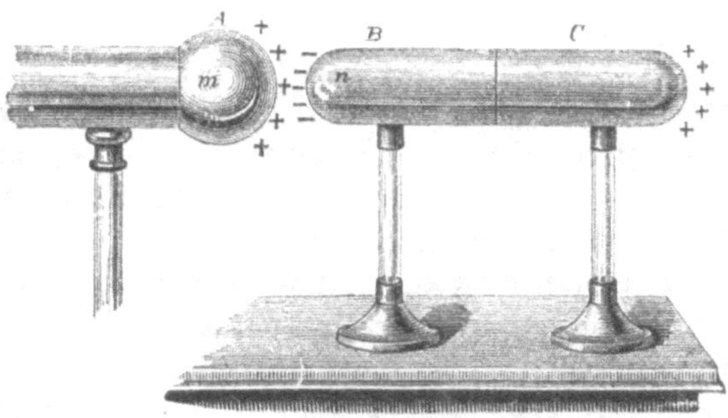

Fig. 40.

erklären, was in folgendem Fall vor sich geht. Es sei A (Fig. 40) eine große hohle Messingkugel, und das Rohr links von ihr sei ebenfalls aus Messing, außerdem mögen beide von Glasstützen gehalten werden, so daß keine Elektrizität, die A besitzt, entweichen kann.

Nun seien B und C zwei Körper, deren obere Teile aus Messing bestehen, und die nur in dem mittleren Teil, da wo der Strich auf der Abbildung gezogen ist, getrennt werden können; ferner mögen B und C auf Glasfüßen stehen, so daß keine Elektrizität, die einer von ihnen besitzt, entweichen kann.

Möge nun A eine Ladung positiver Elektrizität erhalten haben und B und C indessen unelektrisch sein. Jetzt schieben wir B und C gegen A hin. Da B und C nicht elektrisiert sind, so sind ihre Elektrizitäten nicht voneinander getrennt, sondern gemischt; schieben wir nun diese Körper gegen A hin, so zieht die positive Elektrizität von A die negative Elektrizität von C zu sich hin und stößt die positive in die äußerste rechte Seite von C ab, wie es auf der Figur angegeben ist.

Wenn wir jetzt C von B fortnehmen und hierauf B von A, so haben wir eine Quantität negativer Elektrizität auf B und eine Quantität positiver auf C, getrennt voneinander, und die Elektrizität auf A ist dabei dieselbe geblieben wie vorhin.

Wir haben die Elektrizität auf A dazu benutzt, die beiden Elektrizitäten in B und C voneinander zu trennen, dabei hat sich die Elektrizität auf A nicht vermindert und kann zu demselben Zwecke benutzt werden, so oft man will. Diese Wirkung aus der Ferne, durch welche die Elektrizität des Körpers A die Elektrizität in B und C zu scheiden vermag, nennt man *elektrische Influenz*.

80. Der elektrische Funke.

Wir können aber unsern Versuch noch in einer etwas anderen Weise ausführen. Wir bringen B und C ganz allmählich langsam A näher. Wenn A und B sehr nahe beieinander sind, so ist die positive Elektrizität des Körpers A von der negativen, wie wir in B zum Vorschein gebracht haben, nur durch eine dünne

Luftschicht getrennt, und zuletzt wird die Anziehung der beiden Elektrizitäten so stark und die Luftschicht so dünn, daß jene aufeinander stürzen und sich in Form eines Funkens vereinigen. Die Folge ist, daß A einen Teil seiner positiven Elektrizität und B seine ganze negative verloren hat. Wenn wir nun B und C von A entfernen, so haben wir noch die positive Ladung auf C, die nicht entwichen ist; C hat in der Tat, als A einen Teil seiner positiven Elektrizität verlor, ebensoviel gewonnen, so daß der schließliche Erfolg derselbe ist, als wenn ein Teil der Elektrizität von A auf C übergegangen wäre.

81. Verschiedene Versuche.

Was wir eben über die elektrische Influenz gesagt haben, können wir leicht durch ein paar einfache und schlagende Versuche näher erläutern; wir müssen aber darauf aufmerksam machen, daß bei allen diesen Versuchen das Glas des Apparates ganz trocken und warm sein muß.

Fig. 41.

Versuch 55. — Auf der Abbildung hier sehen wir ein Instrument, durch das wir das Vorhandensein von Elektrizität entdecken können; es heißt das Goldblatt-Elektroskop. Um seine Wirkung zu zeigen, teilen wir zuerst dem Knopf an der Spitze (siehe Anhang) eine kleine Ladung positiver Elektrizität mit. Diese Ladung verbreitet sich in die Goldblätter, die mit dem Knopf in elektrischer Verbindung stehen, und da diese Blätter beide nun mit derselben Art der Elektrizität geladen sind, so stoßen sie sich ab, wie wir auf der Figur sehen. Nun ist das Elektroskop in Tätigkeit.

Versuch 56. — Nachdem wir auf diese Weise das Elektroskop mit positiver Elektrizität geladen haben, bringen wir in die Nähe seines Knopfes eine erregte Glasstange, dann gehen die Goldblätter noch mehr auseinander. Die Ursache hiervon ist, daß die positive Elektrizität des erregten Glases die neutrale Elektrizität des Knopfes zerlegt, indem sie die negative zu sich hinzieht und die positive in die Goldblätter treibt.

Waren daher die Blätter schon vorher mit positiver Elektrizität geladen, so gehen sie jetzt noch weiter auseinander.

Versuch 57. — Bringen wir hierauf eine erregte Siegellackstange in die Nähe des wie vorhin mit positiver Elektrizität geladenen Elektroskopknopfes, so werden wir zuerst bemerken, daß die Goldblätter zusammenfallen, anstatt auseinander zu gehen. Der Grund hiervon ist, daß die negative Elektrizität des erregten Siegellacks die neutrale Elektrizität des Knopfes zerlegt, die positive zu sich anzieht und die negative in die Goldblätter treibt. Da aber die Goldblätter vorher mit positiver Elektrizität geladen waren, wird ein Teil dieser Ladung durch die hineingetriebene negative Elektrizität neutralisiert, und infolgedessen fallen sie zusammen.

Versuch 58. — Wir nehmen eine hohle Messingkugel oder einen Konduktor, der von einem isolierenden Glasfuß gehalten wird. Bringen wir nun diesen isolierten Konduktor in die Nähe der geladenen Elektrisiermaschine, so erhalten wir einen Funken, aber einen sehr schwachen. Berühren wir hingegen mit unserm Finger den Teil der Kugel, der am weitesten von der Maschine entfernt ist, so wird der der Kugel gegebene Funke viel stärker.

Hierdurch erklärt sich das, was wir in Abschnitt 80 über die Ursache des Funkens sagten. Die positive Elektrizität der Maschine zieht die negative der Kugel an und treibt die positive so weit wie möglich fort. Wenn aber die Kugel isoliert ist, kann die positive nicht weit genug weggetrieben, die beiden Elektrizitäten können nicht hinreichend getrennt werden, und infolgedessen erhalten wir nur einen schwachen Funken. Wenn wir aber die Kugel berühren, so wird die positive Elektrizität der Kugel durch unsern Körper in die Erde getrieben, die Elektrizitäten werden gut geschieden, und wir erhalten einen starken Funken.

82. Wirkung der Spitzen.

Wenn wir bei dem letzten Versuch fortfahren, die Messingkugel zu berühren und die Elektrisiermaschine unterdessen gedreht wird, so geht eine Reihe von Funken durch unsern Körper in die Erde, und diese bringen in uns eine ziemlich unangenehme Empfindung hervor. Der Funke der Elektrisiermaschine kann mit dem Blitz verglichen werden, denn der Blitz ist in der Tat ein sehr langer Funken. Wie nun, wenn ein Mann vom

Blitz getroffen wird, die Elektrizität durch seinen Körper in die Erde übergeht, ebenso geht die Elektrizität durch unsern Körper in die Erde, wenn wir die Kugel bei dem letzten Versuche berühren.

Versuch 59. — Wir befestigen jetzt eine Spitze an der hohlen Kugel, stellen die Spitze dem Konduktor der Maschine gegenüber und berühren dann wie vorhin die Kugel mit unserm Finger. Es wird nun ganz unmöglich sein, einen Funken aus der Maschine zu ziehen; statt dessen haben wir ein ununterbrochenes Überströmen der Elektrizität von dem Konduktor der Maschine zur Spitze. Jeder zugespitzte Körper führt nämlich die Elektrizität ebenso schnell fort, wie sie hervorgebracht wird, und läßt ihr keine Zeit, sich so anzusammeln, daß sie einen Funken bilden könnte.

Hierdurch wird nun der Nutzen der zugespitzten metallischen Leiter verständlich, welche auf hohen Gebäuden angebracht sind, um diese vor dem Blitzstrahl zu schützen. Diese zugespitzten metallischen Leiter, oder Blitzableiter, die in die Erde hinuntergehen, führen die Elektrizität fort in ähnlicher Weise, wie die Spitze beim Versuche 59 es tat; und ebenso wie in dem einen Fall die Spitze meinen Finger vor dem Funken schützte, so schützt im andern Fall der Blitzableiter das Gebäude vor dem Blitzstrahl.

Franklin, ein amerikanischer Gelehrter, fand zuerst, daß der Blitz und der elektrische Funke ein und dasselbe sind, mit dem einzigen Unterschied, daß jener oft eine Meile und dieser nur ein paar Zoll lang ist.

83. Die Elektrisiermaschine.

Wir sind jetzt hinreichend vorbereitet, um die Konstruktion einer Elektrisiermaschine zu verstehen. Diese Maschine besteht aus zwei Teilen: vor allem haben wir eine Einrichtung, Elektrizität hervorzubringen, und dann eine Einrichtung, sie anzusammeln.

Eine der besten, bekannten Maschinen ist die, bei der die Elektrizität durch eine große, sich drehende

Fig. 42.

Glasscheibe hervorgebracht wird, wie auf Fig. 42. Wenn die Glasscheibe gedreht wird, so reibt sie sich gegen zwei Paar Reibkissen, von denen eins oben und eins unten angebracht ist. Diese Reibkissen werden gewöhnlich aus Leder gemacht und mit Roßhaar gestopft, damit sie ziemlich fest gegen das Glas drücken. Sie sind mit einem weichen Metall überzogen, das auf das Leder gestrichen wird; dieses Metall wird gewöhnlich aus einer Mischung von einem Teil Zink, einem Teil Zinn und zwei Teilen Quecksilber hergestellt. Eine Metallkette verbindet diese Reibkissen miteinander und mit der Erde. Wird nun die Glasscheibe herumgedreht, so wird positive Elektrizität auf dem Glase und negative auf dem Reibkissen hervorgebracht. Die negative Elektrizität der Reibkissen wird durch die Metallkette, die mit ihnen in Verbindung steht, zur Erde geleitet; auf dieser breitet sie sich aus und wird dort so dünn, daß man überhaupt gar nichts mehr von ihr merkt. Wir sind in dieser Weise die negative Elektrizität los geworden, und die positive ist auf dem Glase geblieben. Nun befinden sich dem Glase gegenüber Messingstangen, die es an zwei Stellen umfassen; diese stehen in Verbindung mit einer großen metallischen Oberfläche, dem sogenannten Konduktor; wir sehen ihn auf der Abbildung. Dieser Konduktor steht auf Glasfüßen, so daß die ihm zugeführte Elektrizität nicht entweichen kann. Außerdem sind die großen, der Glasscheibe nahen Stangen mit Metallspitzen besetzt. Wir wissen schon, daß Spitzen ein starkes Bestreben haben, Elektrizität aufzusaugen. Die Folge ist, daß diese Spitzen die positive Elektrizität des Glases wegnehmen und auf den Konduktor übertragen, wo sie bleibt, weil der Konduktor auf Glasfüßen steht. Dadurch, daß wir die Glasscheibe lange genug drehen, können wir also eine große Menge positiver Elektrizität auf diesem Konduktor anhäufen.

Versuch 60. — Wenn der Konduktor der Elektrisiermaschine mit Elektrizität geladen ist und man dann den Finger in die Nähe des Konduktors bringt, so springt ein Funke von dem Konduktor in den Finger über. Der Grund davon ist, daß die positive Elektrizität des Konduktors die beiden Elektrizitäten, die in dem Finger vereinigt sind, trennt; sie treibt die positive, die mit ihr gleichartig ist, durch die Füße in die Erde, zieht aber anderseits die negative zu sich herüber.

Die beiden Elektrizitäten, nämlich die positive des Konduktors und die negative des Fingers, stürzen dann durch die Luft aufeinander und vereinigen sich, wobei sie einen Funken bilden.

84. Die Leydener Flasche.

Versuch 61. — Wenn wir unsern Finger oder Knöchel einer Elektrisiermaschine nähern, so haben wir, wenn der Funke überspringt, eine prickelnde Empfindung, erhalten aber keinen starken Schlag. Um einen Schlag zu erhalten, müssen wir eine Leydener Flasche verwenden, wie sie auf Fig. 43 abgebildet ist. Sie besteht aus einer Glasflasche, die innen und außen bis an den Hals mit Staniol belegt ist. Eine Messingstange, an deren Ende sich ein Knopf befindet, steht in Verbindung mit der inneren Belegung und wird dadurch festgehalten, daß sie durch einen Kork geht, der die Öffnung der Flasche bedeckt. Die Flasche hat also zwei Belegungen, eine innere und eine äußere, und diese sind in bezug auf die Elektrizität ganz voneinander isoliert, insofern Glas die Elektrizität nicht leitet. Angenommen nun, wir nehmen die Flasche mit ihrer äußeren Belegung in die Hand und halten den Knopf der inneren Belegung an den Konduktor einer in Tätigkeit gesetzten Elektrisiermaschine. Dann verbreitet sich die positive Elektrizität des Konduktors über die innere Belegung der Flasche. Sie trennt weiter die beiden Elektrizitäten der äußeren Belegung, treibt die positive durch unsere Hand und unseren Körper in die Erde und zieht die negative an. Es steht jetzt ein Bataillon positiver Elektrizität auf der inneren Belegung einem entgegengesetzten Bataillon negativer Elektrizität auf der äußeren Belegung gegenüber, und diese beiden wünschen sehnlichst zusammenzutreffen, sind dazu aber nicht imstande, weil das Glas dazwischen steht.

Fig. 43.

So eifrig sind die beiden Elektrizitäten damit beschäftigt, sich zu beobachten, daß sie fest auf ihrem Posten bleiben, während wir noch mehr positive Elektrizität auf die innere Belegung bringen. Diese zweite Ladung wirkt genau wie die erste; sie trennt von neuem die beiden Elektrizitäten der äußeren Belegung, treibt positive Elektrizität aus der äußeren Belegung durch unsere Hand in die Erde, während negative Elektrizität auf der äußeren Belegung bleibt und dem neuen Bataillon positiver Elektrizität, die wir innen zugeführt haben, fest gegenüber steht.

Wir haben jetzt zwei innere und zwei äußere Bataillone, die sich gegenseitig beobachten, und dadurch, daß wir dieses Verfahren fortsetzen, können wir eine große Menge entgegengesetzter Elektrizitäten auf den beiden Belegungen einer solchen Flasche anhäufen.

Wollen wir die Flasche entladen, so benutzen wir einen sogenannten Entlader, wie er auf Fig. 44 abgebildet ist. Er wird an den Glasgriffen gehalten, dann läßt man einen der Knöpfe die äußere Belegung der Flasche berühren und bringt den andern allmählich in die Nähe des Knopfes, der mit der inneren Belegung der Flasche verbunden ist; wenn die beiden letzteren Knöpfe nahe genug aneinander gebracht sind, sieht man einen hellen Funken, der von einem Knall begleitet wird, und die Flasche ist entladen. Wenn wir selbst den Schlag fühlen wollen, so fassen wir die äußere Belegung mit einer Hand an und nähern die andere dem Knopf, der mit der inneren Belegung in Verbindung steht, dann findet die Entladung durch unsern Körper statt. Wenn mehrere den Schlag fühlen wollen, so müssen sie sich die Hand geben, und der eine an dem einen Ende muß die äußere Belegung anfassen, während der andere an dem andern Ende den Knopf der inneren Belegung berührt; der Schlag geht dann durch die Körper aller hindurch.

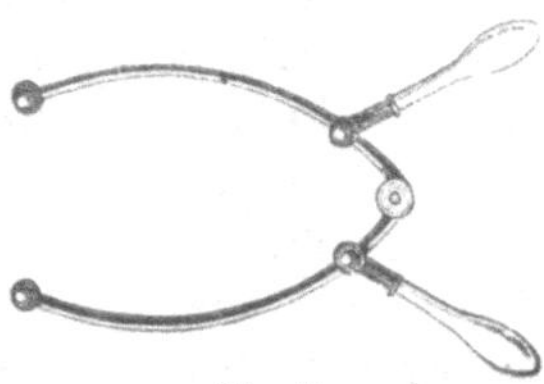

Fig. 44.

85. Elektrisierte Körper besitzen Energie.

Aus dem Vorstehenden geht klar hervor, daß Elektrizität ein Ding ist, das Energie besitzt. Wir haben gesehen, daß die beiden entgegengesetzten Elektrizitäten der Flasche aufeinander stürzen und sich vereinigen, und daß diese Vereinigung von einem Blitz und einem Knall begleitet wird. Dieser Blitz ist während seiner Dauer sehr hell, und obgleich er nicht länger als den vierundzwanzigtausendsten Teil einer Sekunde dauert, enthält er nichtsdestoweniger eine bedeutende Wärmemenge. Nun ist Wärme Energie, und demnach sehen wir, daß bei der Entladung einer Flasche diejenige Art der Energie, die wir Elektrizität nennen, in jene anderen Arten der Energie, die wir Wärme und Licht nennen, verwandelt wird.

Da also Elektrizität Energie besitzt, so ist Arbeit erforderlich, sie hervorzubringen; diese leisten wir, wenn wir die Elektrisiermaschine drehen, und eine solche Maschine ist wirkich wegen der Anwesenheit der Elektrizität, die sie erzeugt, schwerer zu drehen. Für nichts ist nichts; wenn man Energie in irgend einer Form erhalten will, so muß man Arbeit dazu aufwenden. Anderseits verschwindet aber auch keine Energie, wenn die beiden Elektrizitäten sich verbindern, sondern es tritt nur eine Verwandlung einer Form der Energie, nämlich der Elektrizität, in eine andere, nämlich die Wärme, ein.

86. Der elektrische Strom.

Wir haben gesehen, daß, wenn wir einen spitzen Leiter an eine arbeitende Elektrisiermaschine halten (§ 82), ein unaufhörliches Überströmen von Elektrizität stattfindet, die durch die Spitze und unsere Hand in die Erde geht. Wir haben aber ein viel besseres Mittel als die Elektrisiermaschine, um einen starken elektrischen Strom zu erhalten. Wir wollen kurz dieses Mittel beschreiben, das zuerst von einem Italiener, namens

Volta, entdeckt wurde und nach ihm die Voltasche Batterie genannt worden ist.

Diese Vorrichtung ist auf der untenstehenden Figur abgebildet. Es befindet sich auf ihr ganz links eine mit K bezeichnete Platte, die eine Kupferplatte vorstellt, ferner eine mit Z bezeichnete Zinkplatte, an die ein Draht gelötet ist, der sie mit der Kupferplatte in dem zweiten Gefäß verbindet. In dem zweiten Gefäß ist wieder eine Zinkplatte, die ebenso mit dem Kupfer in dem dritten Gefäß verbunden ist. Endlich sehen wir ganz rechts eine einzelne Zinkplatte. Füllen wir nun die Gefäße mit einer Mischung von Schwefelsäure und

Fig. 45.

Wasser, befestigen Drähte am Kupfer auf der linken, und am Zink auf der rechten Seite und bringen dann die Drähte (die Poldrähte der Batterie) zusammen, so erhalten wir einen Strom positiver Elektrizität, der in der Richtung der Pfeile rund herum durch den Kreis geht. Wir wollen den Weg verfolgen, auf dem er geht. Zuerst kommt er aus dem Draht, der an der am weitesten links befindlichen Kupferplatte befestigt ist, und geht, wie die Figur zeigt, durch die langen Drähte, bis er in die ganz rechts befindliche Zinkplatte eintritt; von dort wandert er durch die Flüssigkeit, bis er die Kupferplatte erreicht, um von dieser durch den Draht in die nächste Zinkplatte überzugehen; hierauf begibt er sich durch die Flüssigkeit des mittleren Gefäßes in die Kupferplatte, von dort durch den Draht in die Zinkplatte des links befindlichen Gefäßes, von dieser Zinkplatte endlich durch die Flüssigkeit in die Platte, von der er zuerst ausging.

87. Die Grovesche Batterie.

Die soeben beschriebene Vorrichtung wurde von Volta angewandt, seitdem aber sind die Methoden, elektrische Ströme hervorzubringen, bedeutend verbessert. Es stellte sich heraus, daß bei der Voltaschen Vorrichtung der Strom, wenn er auch zuerst stark war, bald schwächer wurde; da hat man eine Methode ersonnen, durch die man den elektrischen Strom immer in derselben Stärke erhalten kann. Eine solche Batterie nennt man eine konstante Batterie, und eine der besten ist die, die von Grove (siehe Fig. 48) erfunden wurde. Bei dieser Batterie haben wir statt eines einfachen Gefäßes ein doppeltes; das äußere Gefäß ist von Glas und das innere von porösem Ton. Das äußere Glas- oder Steingutgefäß ist zum Teil mit verdünnter Schwefelsäure gefüllt. In diesem befindet sich eine auf der Oberfläche amalgamierte Zinkplatte, wie auf der Abbildung zu sehen ist, und außerdem ein poröses Gefäß aus Ton. In dieses poröse Gefäß gießt man starke Salpetersäure, und in diese Salpetersäure stellt man ein dünnes Platinblech, das das Kupfer in der Voltaschen Vorrichtung vertritt.

Wenn nun diese Batterie in Tätigkeit ist, so löst sich das Zink in der verdünnten Schwefelsäure auf, und bei diesem Prozeß wird Wasserstoffgas entwickelt. Aber dieser Wasserstoff steigt nicht in Form von Blasen in die Höhe; er erscheint in dem porösen Gefäß, das die starke Salpetersäure enthält, dort zersetzt er die Salpetersäure, entnimmt von dieser Sauerstoff, wird dadurch zu Wasser (Wasserstoff und Sauerstoff bilden bekanntlich Wasser) und verwandelt dabei die Salpetersäure in salpetrige Säure, die sich durch starken orangegefärbten Rauch bemerkbar macht. So kommt der Wasserstoff nicht an das Platinblech, und gerade zu diesem Zweck hat man diese Einrichtung getroffen, denn man hat gefunden, daß bei Voltas ursprünglicher Batterie der Wasserstoff, der bei der Auflösung des Zinks entsteht, an der Kupferplatte haftet, und daß infolgedessen die Stärke der Batterie geschwächt wird.

Was wir nun soeben beschrieben haben, ist nur ein einzelnes Gefäß oder eine sogenannte Zelle von der Groveschen Batterie. Eine große derartige Batterie kann aus 50 oder 100 Zellen bestehen, dann ist der an dem Platin einer Zelle befestigte Draht mit dem Zink einer andern verbunden, genau wie auf Fig. 45; der einzige Unterschied dabei ist, daß wir statt Kupfer Platin und statt eines einfachen Gefäßes ein doppeltes von der eben beschriebenen Art haben. Der positive Strom geht auch hier durch die Flüssigkeit von der Zink- zur Platinplatte, gerade so wie er bei der Voltaschen Einrichtung von der Zinkplatte durch die Flüssigkeit zur Kupferplatte ging.

88. Die Eigenschaften des Stromes.

Wir wollen jetzt sehen, was ein elektrischer Strom leisten kann, und dazu einige einfache Versuche anstellen.

Versuch 62. — Wir stellen eine Grovesche Batterie auf und bringen ein Stückchen sehr feinen Platindrahtes zwischen die beiden Poldrähte der Batterie; wenn die Verbindung hergestellt ist und der Strom

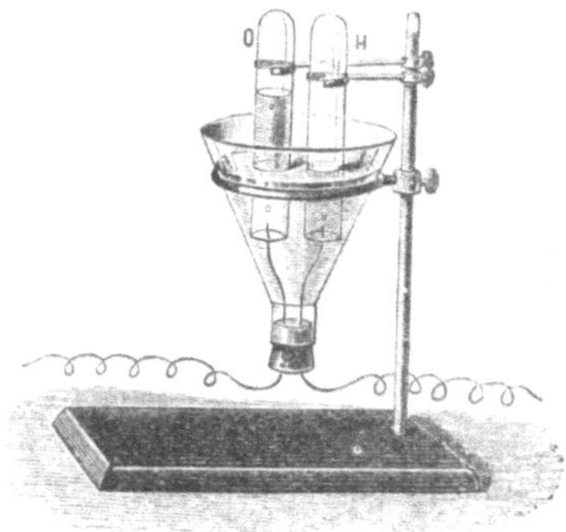

Fig. 46.

hindurchgeht, so finden wir, daß der Platindraht glühend wird.

Versuch 63. — Wir stellen eine Grovesche Batterie auf und bringen ihre beiden Poldrähte in 2 umgestülpte Gefäße mit Wasser, wie auf Fig. 46. Wir empfinden nun, daß der Strom das Wasser zersetzt, und das Sauerstoffgas in dem einen Gefäß und Wasserstoffgas in dem andern erscheint. Das Sauerstoffgas erscheint an dem Pol, der mit der Platinplatte, und der Wasserstoff an dem, der mit der Zinkplatte verbunden ist. Eine Voltasche Batterie ist also imstande, Wasser zu zersetzen. Sie ist auch imstande, sehr viele andere zusammengesetzte Flüssigkeiten zu zersetzen.

Versuch 64. — Wir nehmen einen besponnenen und dadurch isolierten Kupferdraht, der um ein dickes Stück weichen Eisens gewunden ist, das die Form eines Hufeisens hat. Nun wollen wir die beiden Pole unserer Batterie mit den beiden Enden des um das Eisen gelegten Kupferdrahtes verbinden, so daß der Strom durch den Kupferdraht hindurchgeht. Dann finden wir, daß das Eisen die Fähigkeit erlangt hat, anderes Eisen anzuziehen, sodaß es eine Eisenplatte hält, an der ein schweres Gewicht hängt, wie auf der Abbildung zu sehen ist. Sobald aber die Verbindung zwischen dem Kupferdraht und der Batterie aufgehoben ist, verschwindet diese Fähigkeit, und die vom Eisen festgehaltene Last (Platte und Gewicht) fällt sofort herunter.

Fig. 47.

Versuch 65. — Wir nehmen ein Stück harten Stahls, z. B. eine Stricknadel, und befestigen sie an dem Hufeisen des vorigen Versuchs, während der Strom hindurchgeht. Dadurch erhält diese Nadel gewisse Eigenschaften, die sie (im Gegensatz zum weichen Eisen) nicht verliert, wenn der Strom unterbrochen wird, sondern von nun an immer behält. Wenn wir z. B. die Nadel in der Mitte an einem sehr feinen

Faden aufhängen und horizontal schwingen lassen, so wird sie immer nach einer Richtung zeigen, und diese Richtung wird nahezu von Süden nach Norden gehen. Die Nadel ist nämlich eine Kompaßnadel geworden, die immer nach einer Richtung zeigt und es dadurch dem Schiffer auf der See möglich macht, sein Schiff immer nach dem richtigen Kurs zu steuern. Ein Stück harten Stahls, das diese Eigenschaften besitzt, heißt ein Magnet.

Versuch 66. — Wir wollen jetzt eine Magnetnadel wagerecht auf eine Spitze setzen. Sie wird nahezu nach Norden und Süden zeigen. Bringen wir aber jetzt einen Draht, durch den ein starker elektrischer Strom geht, in ihre Nähe, so werden wir finden, daß die Nadel nicht mehr nach Norden und Süden zeigt, sondern sich so stellt, daß sie quer oder im rechten Winkel zu dem Draht liegt, der den Strom leitet.

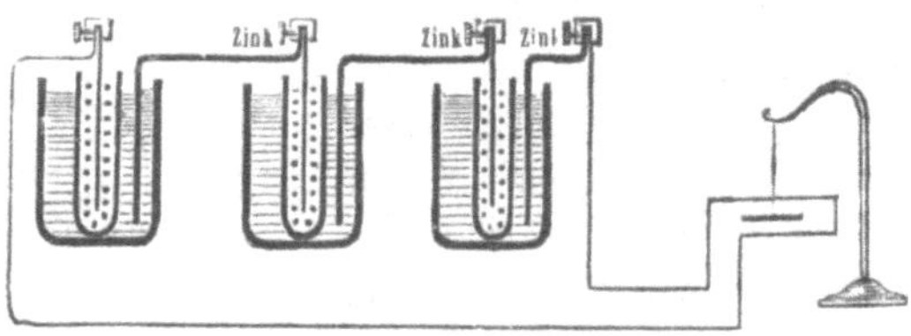

Fig. 48.

Unterbrechen wir den Strom, so nimmt die Nadel ihre gewöhnliche Richtung wieder an.

Diese Erscheinungen wurden von Oersted in Kopenhagen entdeckt.

Versuch 67. — Wir können den vorigen Versuch noch auffallender machen durch eine Einrichtung, die auf der vorstehenden Figur in Umrissen angegeben ist.

Wir stellen unsere Batterie an dem einen Ende des Zimmers auf, während zwei besponnene Drähte von den beiden Polen nach dem andern Ende des Zimmers führen und dort verbunden werden; die Batterie ist dann in Tätigkeit. Ferner hängen wir an dem von der Batterie am weitesten entfernten Ende in der Nähe des Drahtes eine Magnetnadel auf, die heftig abgelenkt wird, wenn der Strom durch den Draht zu fließen beginnt. Wenn nun jemand in der gegenüberliegenden Ecke des Zimmers den Draht von einem Pole der Batterie löst, so hört der Strom in demselben Augenblicke auf zu fließen, und die Magnetnadel nimmt ihre gewöhnliche Lage wieder an.

89. Der elektrische Telegraph.

Hieraus geht hervor, daß, wenn man die Verbindung zwischen dem Draht und der Batterie an dem einen Ende des Zimmers aufhebt, die Nadel an dem andern Ende des Zimmers in demselben Augenblicke bewegt wird. Diese Wirkung würde auch stattfinden, wenn man die mit den Polen verbundenen Drähte 100 oder selbst 1000 Meilen weit führte, ehe man sie vereinigt. Wenn man eine Magnetnadel an der Seite eines stromdurchflossenen Drahtes aufstellt, so wird sie abgelenkt, selbst wenn der Draht 1000 Meilen von der Batterie entfernt ist; sobald man aber das andere Ende des 1000 Meilen entfernten Drahtes von dem Pol der Batterie trennt, hört der Strom auf zu fließen, und die Magnetnadel kehrt in ihre gewöhnliche Lage zurück. Es ist also möglich, eine 1000 Meilen entfernte Magnetnadel dadurch zu bewegen, daß man die Verbindung zwischen einem Drahte und dem Pole einer Batterie herstellt oder aufhebt. Hier haben wir das Prinzip des elektrischen Telegraphen, der in der Beförderung von Nachrichten solche Wunder tut und uns sagt, was in Amerika stattfindet, wenige Sekunden, nachdem es geschehen ist. Wir können nicht näher auf den Gegenstand eingehen, aber wir hoffen, verständlich gemacht zu haben, daß es möglich ist, eine 1000 Meilen entfernte Magnetnadel zu bewegen. Aus solchen Bewegungen der Magnetnadel aber kann man eine Zeichensprache bilden, durch die man Nachrichten in die Ferne zu befördern imstande ist.

90. Schluß.

Wir haben nun gelernt, was der elektrische Strom leisten kann. Wie er erstens einen feinen Draht, durch den er geht, erhitzt; wie er zweitens Wasser und andere zusammengesetzte Körper zersetzt; wie er drittens ein Stück weichen Eisens, wenn auch vorübergehend, stark magnetisch macht; wie er viertens ein Stück harten Stahls bleibend magnetisch macht; wie er endlich fünftens die Magnetnadel ablenkt und es möglich macht, auf weite Entfernungen hin zu telegraphieren.

Wir können nicht näher auf diesen sehr interessanten Gegenstand eingehen, aber zum Schluß wollen wir uns vergegenwärtigen, daß wir jetzt manches über die tätigen oder aktiven Zustände der Materie gelernt haben. Zuerst sprachen wir von Körpern in fortschreitender Bewegung, dann von schwingenden Körpern, dann von erwärmten und zuletzt von elektrisierten Körpern, und wir haben durchweg versucht, zu zeigen, daß die Energie, die ein Körper besitzt, niemals ganz verloren geht. Sie kann allerdings in einen andern Körper übergehen oder ihre Form verändern, indem sie aus sichtbarer Energie in Schall, Wärme oder Elektrizität übergeht oder überhaupt sich in sehr verschiedener Weise verwandelt, aber sie wird in Wahrheit ebensowenig vernichtet wie ein Teilchen Materie. —

In der Tat, gerade so wie die Wissenschaft der Chemie auf das Gesetz gegründet ist, daß die Materie nur die Form verändert, indem sie von einer Verbindung in die andere übergeht, aber dabei nie vernichtet wird, so ist die Wissenschaft der Physik auf das Gesetz gegründet, daß die Energie nur ihre Form verändert, aber niemals vernichtet wird. Die eingehende Behandlung dieses großen Gesetzes muß aber einer höheren Stufe des Studiums vorbehalten bleiben. —

Dinge, die im Gedächtnis behalten werden müssen.

Ein Meter ist gleich 10 Dezimeter, gleich 100 Zentimeter, gleich 1000 Millimeter.

Ein Kilometer ist gleich 1000 Meter, eine Meile ist gleich 7 1/2 Kilometer.

Ein Kilogramm ist gleich 1000 Gramm.

Ein Gramm ist gleich 10 Dezigramm, gleich 100 Zentigramm, gleich 1000 Milligramm.

Wenn man einen Stein aus der Hand fallen läßt, so fällt er in der ersten Sekunde durch einen Raum von 49 Dezimeter, oder von beinahe 5 Meter.

Unter den Metallen hat Stahl die größte Festigkeit, Gold die größte Dehnbarkeit; ein Kubikzentimeter Gold kann nämlich so weit ausgehämmert oder gewalzt werden, daß es den Fußboden eines 3 Meter langen und 3 Meter breiten Zimmers bedeckt.

Der Diamant ist der härteste Körper, d. h. er ritzt alle übrigen Körper, während keiner ihn ritzt.

Ein Kubikzentimeter Wasser wiegt 1 Gramm.
1000 „ „ Luft wiegen 1293 Milligramm.
1000 „ „ Kohlensäure wiegen 1977 Milligramm.
1000 „ „ Wasserstoff wiegen 90 Milligramm.

Der Druck der Atmosphäre trägt eine 76 Zentimeter hohe Quecksilbersäule und eine 10 1/3 Meter hohe Wassersäule.

Der Schall pflanzt sich durch die Luft mit einer Geschwindigkeit von etwa 340 Meter in einer Sekunde fort.

Wenn eine Klaviersaite 30 Schwingungen in einer Sekunde macht, so gibt sie einen tiefen Ton; wenn sie 4000 Schwingungen in einer Sekunde macht, einen hohen Ton.

Die Wärmemenge, die erforderlich ist, um ein Kilogramm Eis zu schmelzen, erwärmt 80 Kilogramm Wasser um 1°. Die Wärmemenge, die erforderlich ist, um 1 Kilogramm siedenden Wassers in Dampf zu verwandeln, erwärmt 536 Kilogramm Wasser um einen Grad.

Das Licht pflanzt sich durch den Raum fort mit einer Geschwindigkeit von 300000 Kilometer in der Sekunde.

Der Funke einer Leydener Flasche dauert nur den 24000sten Teil einer Sekunde. —

Anleitungen in betreff der Apparate.

Der zu benutzende Apparat muß vor der Stunde auf den Tisch gesetzt werden, und der Lehrer muß sicher sein, daß er die verschiedenen Versuche ohne Schwierigkeiten ausführen kann. Nach der Stunde ist der Apparat sorgfältig wieder an seinen Platz zurückzustellen.

Es ist dafür zu sorgen, daß der Kolben der Luftpumpe durch Fett in seinem Zylinder dicht gemacht ist. Ferner soll der Rezipient gut auf den Teller passen und zu diesem Zweck gut mit Fett eingerieben sein. Wenn das geschehen, muß sich der Rezipient leicht und ohne Geräusch auf dem Teller bewegen; hört man hingegen ein Knirschen, so ist das ein Beweis, daß irgend ein harter Körper vorhanden ist; dann muß der Rand der Glocke sorgfältig gereinigt und von neuem mit Fett eingerieben werden. Diese Bemerkung bezieht sich ebensowohl auf die Halbkugeln (Fig. 15) wie auf die Glasglocken.

Um beim Versuch 28 das Gefäß mit Kohlensäure zu füllen, muß die Röhre, die das Gas zuführt, sehr nahe, aber nicht ganz an den Boden des Gefäßes hinunterreichen.

Um dasselbe Gefäß (Versuch 29) mit Wasserstoff zu füllen, muß die Röhre, die das Gas zuführt, sehr nahe bis zum Boden des Gefäßes, der jetzt zu oberst ist, hinaufreichen.

Besondere Vorsicht muß beim Gebrauch des Phosphors angewendet werden, weil er sehr leicht Feuer fängt. Der Phosphorvorrat muß unter Wasser gehalten, und die kleinen abgeschnittenen Stücke müssen vor dem Gebrauch gut mit Löschpapier abgetrocknet werden.

Wenn das Quecksilber schmutzig ist, nehme man ein Blatt Papier, mache davon einen Trichter und mache mit einer Stecknadel unten in seinen Boden ein Loch. Dann gieße man das Quecksilber vorsichtig in diesen Trichter und lasse es durch das kleine Loch in ein dazu bestimmtes Gefäß laufen. Man wird es dann wieder spiegelblank finden.

Man muß sich in acht nehmen, daß das Quecksilber nicht mit anderen Metallen in Berührung gebracht wird. Eine kleine Portion muß zum Amalgamieren des Zinks der Batterie für sich aufbewahrt werden.

Bevor die Elektrisiermaschine gebraucht wird, erwärmt man die Glasscheibe. Zu diesem Zwecke stelle man sie aufrecht an das Feuer und drehe die Kurbel von Zeit zu Zeit herum, damit die verschiedenen Teile der Scheibe dem Feuer ausgesetzt werden.

Wenn diese Vorschrift nicht befolgt wird, so kann das Glas möglicherweise springen.

Das Elektroskop darf nicht zu stark geladen sein, sonst werden die Goldblätter an die Wände der Flasche getrieben und zerrissen. Um das Elektroskop zu laden, gebe man der Leydener Flasche einen einzigen kleinen Funken aus der Maschine, dann berühre man das Elektroskop mit ihrem Knopf.

Die isolierenden Glasstützen des Konduktors, die Leydener Flasche und alle Glasteile bei einem elektrischen Versuch müssen warm und trocken gehalten werden.

In der Groveschen Batterie muß das Zink gut amalgamiert und die Verbindungsstellen der verschiedenen Metallteile müssen blank sein.

Die verdünnte Schwefelsäure der äußeren Zellen soll auf 1 Raumteil konzentrierter Schwefelsäure 3 Raumteile Wasser enthalten.

Die porösen Gefäße der Groveschen Batterie müssen, nachdem die Batterie gebraucht ist, in Wasser gelegt und die Zink- und Platinplatten ebenfalls gut gereinigt werden.

Beim Versuch 66 ist es nötig, die beiden Messingschälchen, in die die Enden der Batteriedrähte eintauchen, mit Quecksilber zu füllen.

Anhang von Fragen und Aufgaben.

Einleitung.

§ 1. Erklärung der Physik.

1) Nenne zwei verschiedene Arten von Körpern.

2) Gib ein Beispiel von zwei verschiedenen Zuständen eines und desselben Körpers.

§ 2. Erklärung der Bewegung.

1) Um eine Bewegung zu verstehen, muß man zwei Dinge über sie kennen. Welche?

2) Ein Mann geht in demselben Schritt 10 Kilometer in $2^1/_4$ Stunden, ein anderer 5 Kilometer in einer Stunde, welcher geht schneller?

3) Ein Mann geht $12^1/_2$ Kilometer in $2^1/_2$ Stunden. Mit welcher Geschwindigkeit geht er? Eine Kanonenkugel fliegt 2200 Meter weit in $5^1/_2$ Sekunden. Wie groß ist ihre Geschwindigkeit?

§ 3. Erklärung der Kraft.

1) Was verstehen wir unter Kraft?

2) Nenne beispielsweise einen Versuch, der beweist, daß eine Kraft einen ruhenden Körper in Bewegung setzt.

3) Nenne beispielsweise einen Versuch, der beweist, daß eine Kraft einen sich bewegenden Körper zur Ruhe bringt.

4) Nenne beispielsweise einen Versuch, der beweist, daß eine Kraft durch eine andere Kraft aufgehoben wird.

Die wichtigsten Naturkräfte. (S. 8.)

§ 4. Erklärung der Schwere.

1) Was ist die Ursache des Gewichtes der Körper?

2) Gesetzt, man könnte die Erde aushöhlen, so daß nur die Kruste zum Daraufstehen übrig bliebe — würde dadurch das Gewicht eines Stückes Blei verändert werden?

3) Gesetzt, wir könnten ein Pfund Blei in der Hand halten, ohne daß die Erde unter uns wäre — würde das Blei Gewicht haben?

§ 5. Erklärung der Kohäsion.

1) Erkläre die Kohäsion durch ein Beispiel.

2) Was ist der hauptsächliche Unterschied zwischen Schwere und Kohäsion? Erläutere deine Erklärung durch ein Beispiel.

§ 6. Erklärung der chemischen Anziehung.

1) Gib ein Beispiel von chemischer Anziehung.

2) Was ist die besondere Eigentümlichkeit dieser Kraft?

§ 7. Nutzen dieser Kräfte.

1) Was würde geschehen, wenn es keine Schwere gäbe?

2) Was würde geschehen, wenn es keine Kohäsion gäbe?

3) Was würde geschehen, wenn es keine chemische Anziehung gäbe?

Wie die Schwere wirkt. (S. 13.)

§ 8. Der Schwerpunkt.

1) Was verstehen wir unter dem Schwerpunkt eines Körpers?

2) Hat jeder Körper einen Schwerpunkt?

3) Wie stellt sich beim Gleichgewicht eines Körpers sein Schwerpunkt ein?

4) Beschreibe eine einfache Methode, nach der man den Schwerpunkt eines unregelmäßigen ebenen Bleches finden kann.

5) Kann diese Methode auch benutzt werden, wenn das Blech gekrümmt ist?

§ 9. Die Wage.

1) Zeichne eine gewöhnliche Wage.

2) Warum kann der Wagebalken seinen Schwerpunkt nicht über dem Punkt haben, auf dem er sich wiegt?

3) Was bringt den Wagebalken in eine bestimmte Lage zurück, wenn er auf eine Seite hinüber gedrückt worden ist?

Die drei Aggregatzustände. (S. 17.)

§ 10—13. Allgemeines.

1) Nenne die drei Aggregatzustände.

2) In welchem von diesen Aggregatzuständen besitzt ein Körper die größte Kohäsion?

In welchem Zustand hat ein Körper keine Kohäsion?

3) Beschreibe einen Versuch, der beweist, daß Quecksilber etwas Kohäsion besitzt.

4) Beschreibe einen Versuch, der beweist, daß Wasser etwas Kohäsion besitzt.

5) Was ist ein fester Körper?

6) Was ist ein flüssiger Körper?

7) Was ist ein gasförmiger Körper?

§ 14—17. Die Eigenschaften der festen Körper. (S. 19.)

1) Ist es gänzlich unmöglich, die Form oder den Rauminhalt eines festen Körpers zu verändern?

2) Gib die verschiedenen Verfahrungsweisen an, durch welche man versuchen kann, eine Eisenstange zu zerbrechen oder ihre Form zu verändern.

3) Beschreibe einen Versuch, der beweist, daß die Biegung eines Balkens nahezu proportional ist dem angewandten Gewicht.

4) Ein Gewicht von 5 Kilogramm, angewendet wie in Versuch 9, biegt einen Balken so, daß sein Mittelpunkt sich um einen Zentimeter senkt. Um wie viel würde der Mittelpunkt sich senken, wenn man anstatt 5 Kilogramm 14 anwenden würde?

5) Beschreibe einen Versuch, der beweist, daß ein auf die hohe Kante gelegter Balken weniger gebogen wird als ein flach gelegter.

6) Was versteht man unter der Grenze der Tragkraft bei einem Bau?

7) Welches sind die beiden Hauptpunkte, auf die ein Baumeister oder Ingenieur achten muß?

8) Erkläre die Reibung durch einen Versuch.

9) Was würde geschehen, wenn es keine Reibung gäbe?

Die Eigenschaften der Flüssigkeiten. (S. 25.)

§ 18. Rauminhalt und Form.

1) Hat eine Flüssigkeit das Bestreben, ihre Form beizubehalten?

2) Hat eine Flüssigkeit ein starkes Bestreben, ihren Rauminhalt beizubehalten? Erläutere deine Antwort durch einen Versuch.

§ 19. Flüssigkeiten pflanzen den Druck fort.

1) Beschreibe einen Versuch, der beweist, daß Flüssigkeiten den Druck fortpflanzen.

2) Beschreibe einen Versuch, der beweist, daß Flüssigkeiten den Druck nach allen Richtungen hin fortpflanzen.

3) Wer entdeckte diese letztere Eigenschaft der Flüssigkeiten?

4) Beschreibe einen Versuch, der beweist, daß der Druck einer Flüssigkeit gegen einen Kolben proportional ist zu der Oberfläche des Kolbens.

5) Angenommen, das Wasser drücke gegen die Oberfläche eines viereckigen Kolbens von 4 Zentimeter Seitenlänge mit einem Druck von 4 Kilogramm, wie groß wird der Druck gegen die Oberfläche eines Kolbens sein, dessen Seite 6 Zentimeter mißt?

§ 20. Die hydraulische Presse.

1) Zeichne und beschreibe eine hydraulische Presse.

2) Angenommen, die Oberfläche des großen Kolbens einer hydraulischen Presse sei 80 mal so groß wie die des kleinen Kolbens und eine Kraft von 6 Kilogramm wird auf den kleinen Kolben ausgeübt. Mit welcher Kraft wird der große Kolben in die Höhe getrieben?

3) Wird der große Kolben einer hydraulischen Presse mit derselben Geschwindigkeit ansteigen, mit der der kleine Kolben abwärts bewegt wird?

§ 21—22. Flüssigkeiten suchen sich immer eine wagerechte Oberfläche.

1) Beschreibe einen Versuch, der beweist, daß die Richtung der Schwerkraft immer senkrecht ist zu der freien Oberfläche des Quecksilbers oder einer andern Flüssigkeit.

2) Zeichne und beschreibe eine Wasserwage.

§ 23. Druck des Wassers in der Tiefe.

1) Zeichne und beschreibe einen Versuch, der beweist, daß der Druck einer Flüssigkeit mit der Tiefe zunimmt und sowohl nach oben wie nach unten hin ausgeübt wird.

2) Angenommen, der Druck gegen eine Oberfläche betrage 2 Kilogramm 4 Meter unter der Oberfläche eines Sees, wieviel beträgt der Druck gegen dieselbe Oberfläche 10 Meter unter der Oberfläche?

3) Ist der Druck in einer bestimmten Tiefe verschieden je nach der Größe des Sees?

4) Wie äußert sich dieser Druck beim Versenken einer Flasche in tiefes Wasser?

§ 24—25. Der Auftrieb des Wassers.

1) Erkläre durch einen Versuch den Auftrieb des Wassers.

2) Mache einen Versuch, der beweist, daß, während ein Stoff im Wasser gewogen scheinbar leichter wird, doch kein wirklicher Gewichtsverlust stattfindet.

3) Mache einen Versuch, der beweist, daß ein im Wasser gewogener Gegenstand einen Gewichtsverlust erleidet, der genau dem Gewicht seines eigenen Rauminhalts an Wasser entspricht.

4) Warum sinkt ein Stück Eisen im Wasser unter?

5) Warum schwimmt ein Stück Kork auf dem Wasser?

6) Wann wird ein Gegenstand im Wasser weder untersinken noch schwimmen, sondern an jeder Stelle der Flüssigkeit im Gleichgewicht sein?

§ 26. Das spezifische Gewicht.

1) Was versteht man unter dem spezifischen Gewicht eines Körpers?

2) Ein Stück reines Gold wiegt in der Luft 19 Dezigramm und im Wasser 18 Dezigramm. Bestimme nun sein spezifisches Gewicht.

3) Bei welcher Gelegenheit und durch wen wurde die Methode entdeckt, das spezifische Gewicht zu bestimmen?

4) Angenommen, ein Stück Gold, das für rein ausgegeben wird, wiege 25 Dezigramm in der Luft und 23 Dezigramm im Wasser.

Ist dieses Gold rein? Begründe deine Antwort.

5) Ein Stein wiegt 60 Gramm in der Luft und 45 Gramm im Wasser.

Ein anderes Stück desselben Steines wiegt 140 Gramm in der Luft; was ist sein Gewicht im Wasser?

§ 27. Der Auftrieb anderer Flüssigkeiten.

1) Hat eine schwere oder eine leichte Flüssigkeit mehr Auftrieb?

2) Gib eine Flüssigkeit an, in der ein Stück Eisen schwimmt.

3) Kann ein Mensch in Süß- oder Salzwasser leichter schwimmen?

4) Nenne einen See, in dem ein Mensch nicht untersinken kann.

§ 28. Die Kapillarität.

1) Nenne einen Fall, in dem sich Wasser über seine Oberfläche oder sein Niveau erhebt.

2) Zeige durch einen Versuch, daß dieses Steigen durch die Anziehungskraft entsteht, die der angewandte Stoff auf das Wasser ausübt.

3) Nenne einen Stoff, der eine ähnliche Anziehungskraft für Quecksilber besitzt.

Die Eigenschaften der Gase. (S. 40.)

§ 29—30. Der Luftdruck und das Gewicht der Luft.

1) Was ist das unterscheidende Merkmal zwischen einem Gas und einer Flüssigkeit?

2) Wird die Luft von der Erde abgestoßen oder angezogen? Erläutere deine Antwort durch einen Versuch.

3) Beschreibe einen Versuch, der beweist, daß einige Gase Raumteil für Raumteil schwerer sind als die Luft.

4) Beschreibe einen Versuch, der beweist, daß einige Gase Raumteil für Raumteil leichter sind als die Luft.

5) Drückt das Luftmeer über uns ebenso gegen die Erde wie das Wassermeer gegen den Meeresgrund?

6) Warum wird ein Stück Papier nicht durch das Gewicht der darüber lagernden Luft fest auf den Tisch gepreßt? Veranschauliche deine Antwort durch einen Versuch.

7) Beschreibe einen Versuch, der beweist, daß die Luft Auftrieb besitzt.

§ 31—32. Das Barometer und seine Verwendung.

1) Beschreibe das Barometer.

2) Wer hat es erfunden?

3) Welche Höhe hat gewöhnlich die Quecksilbersäule im Barometer?

4) Wird diese Säule länger oder kürzer, wenn man das Barometer auf den Gipfel eines hohen Berges bringt?

5) Was versteht man unter der „Torricellischen Leere"?

6) Wie ändert sich im allgemeinen der Stand der Quecksilbersäule mit dem Wetter?

§ 33. Die Luftpumpe.

1) Was versteht man unter den Ausdrücken Kolben, Zylinder und Ventil?

2) Zeichne eine Luftpumpe und beschreibe ihre Wirkung.

3) Angenommen, die Glasglocke einer Luftpumpe enthält 90 Kubikzentimeter und der Zylinder 10 Kubikzentimeter. Welcher Bruchteil der in der Glocke enthaltenen Luft wird mit jedem Kolbenhub aus der Glasglocke ausgepumpt?

§ 34—35. Die Wasserpumpe und der Heber.

1) Angenommen, man nähme Wasser statt des Quecksilbers in einem Barometer. Würde dann die Säule länger oder kürzer sein?

2) Wie lang würde ungefähr die Säule eines Wasser-Barometers sein?

3) Zeichne eine gewöhnliche Wasserpumpe und beschreibe ihre Wirkung.

4) Warum versagt diese Pumpe, wenn der Abstand zwischen der Oberfläche des Wassers in dem Behälter und dem unteren Ventil mehr als $10^1/_3$ Meter beträgt?

5) Warum muß der Abstand in der Frage 4 geändert werden, wenn die Pumpe auf dem Gipfel eines hohen Berges gebraucht wird?

6) Es ist manchmal nötig, vor dem Gebrauch der Pumpe etwas Wasser auf den Kolben zu schütten. Zu welchem Zweck?

7) Zeichne einen Heber und erkläre dessen Anwendung.

Bewegte Körper. (S. 54.)

§ 36—37. Energie und Arbeit.

1) Ist Energie ein Stoff oder ein Zustand eines Stoffes?

2) Was meinen wir, wenn wir sagen, daß ein Körper Energie besitzt?

3) Zähle die hervorragendsten Fälle auf, in denen ein Körper Energie besitzt.

4) Wie messen wir die Energie?

5) Welche Arbeitseinheit wenden wir an?

6) Wie viel Arbeit leistet man, wenn man $5^1/_2$ Kilogramm $3^1/_2$ Meter hoch hebt?

7) Angenommen, eine Kanone feuere eine 50 Kilogramm schwere Kugel senkrecht aufwärts und diese steige 400 Meter in die Höhe, ehe sie zurückfällt. Wie groß ist die Energie der Kugel?

§ 38. Arbeit, die durch einen bewegten Körper geleistet wird.

1) Wenn ein 2 Kilogramm schwerer Stein mit einer Anfangsgeschwindigkeit von 10 Meter per Sekunde in die Höhe geschleudert wird, wie hoch wird er steigen und wie viel Energie besitzt er?

2) Wenn ein 1 Kilogramm schwerer Stein mit der (doppelten) Geschwindigkeit von 20 Meter per Sekunde in die Höhe geschleudert wird, wie hoch wird er steigen, und wie viel Energie besitzt er?

3) Angenommen, eine Kanonenkugel wird mit der Geschwindigkeit von 300 Meter per Sekunde abgefeuert und durchschlägt 6 eichene Dielen. Durch wie viele solcher Dielen wird eine ähnliche Kugel schlagen, wenn sie mit der (doppelten) Geschwindigkeit von 600 Meter per Sekunde abgefeuert wird?

§ 39. Energie in der Ruhe.

1) Nenne ein Beispiel, das beweist, daß ein Steinhaufen infolge seiner Lage Energie besitzen kann.

2) In welchem Falle besitzt ein Wasserbhälter Energie?

3) Welcher Art ist die Energie, die sich die Windmühle zu nutze macht?

4) Nenne den Vorteil, den die Energie der Ruhe vor der Energie der Bewegung voraus hat.

Schwingende Körper. (S. 60.)

§ 40. Schwingung. Schall.

1) Gib ein Beispiel eines bewegten Körpers an, der seinen Platz als Ganzes nicht verändert.

2) Wie heißt diese besondere Art der Bewegung?

3) Gibt ein schwingender Körper der umgebenden Luft eine Reihe von Stößen?

4) Wenn diese Stöße unser Ohr erreichen, wie nennen wir die durch sie hervorgebrachte Empfindung?

§ 41. Geräusch und musikalischer Ton.

1) Nenne einen Fall, in dem ein Körper der Luft einen einzigen Stoß erteilt.

2) Nenne einen Fall, in dem ein Körper der Luft eine Reihe von Stößen erteilt.

3) Wie heißt die Empfindung, die durch einen einzigen Stoß in unserem Ohr hervorgebracht wird?

4) Wie heißt die Empfindung, die durch eine Reihe von Stößen in unserem Ohr hervorgebracht wird?

5) Was ist der physikalische Unterschied zwischen einem tiefen und einem hohen Ton?

6) Nenne eine Tatsache, die beweist, daß der Schall eine Art der Energie und fähig ist, Arbeit zu leisten.

§ 43—44. Die Fortpflanzung des Schalles durch die Luft.

1) Beschreibe einen Versuch, der beweist, daß der Schall durch die Luft in unser Ohr gelangt.

2) Wenn ein Kanonenschuß der Luft einen Stoß versetzt, werden die getroffenen Luftteilchen bis an das Ohr des Mannes geschleudert, der den Kanonenschuß in der Ferne hört?

3) Wenn das nicht der Fall ist, wie wird die Bewegung bis zu dem Ohr fortgepflanzt? Erläutere deine Antwort durch einen Versuch.

§ 45. Seine Fortpflanzungs-Geschwindigkeit.

1) Führe einen Versuch an, der beweist, daß der Schall Zeit braucht, um von der Kanone bis zu unserm Ohr zu gelangen.

2) Mit welcher Geschwindigkeit pflanzt sich der Schall durch die Luft fort?

3) Mit welcher Geschwindigkeit pflanzt sich der Schall durch das Wasser fort?

4) Mit welcher Geschwindigkeit pflanzt sich der Schall durch das Holz fort?

5) Angenommen, jemand höre den Knall eines Kanonenschusses $5^1/_2$ Sekunden nachdem er den Blitz gesehen hat, wie weit ist die Kanone von ihm entfernt?

§ 46. Der Widerhall des Schalles. Das Echo.

1) Gib die physikalische Erklärung des Echos.

2) Beschreibe einen Versuch, der beweist, daß der Schall wie das Licht einen Brennpunkt oder Fokus haben kann.

§ 47. Wie man die Zahl der einem bestimmten Ton entsprechenden Schwingungen ermittelt.

1) Zeichne und beschreibe ein Instrument, durch das wir die Zahl der einem bestimmten Ton entsprechenden Schwingungen finden können, die innerhalb einer Sekunde stattfinden.

Erwärmte Körper. (S. 71.)

§ 48. Die Natur der Wärme.

1) Ist ein heißer Körper schwerer als ein kalter?

2) Besitzt ein heißer Körper mehr Energie als ein kalter?

3) Wenn Wärme eine Art der Bewegung ist, warum sieht das Auge nicht, wie sich die Teilchen eines warmen Körpers bewegen?

4) Bei schwingenden Körpern müssen wir zwei Dinge studieren; welche sind diese?

5) Bei erwärmten Körpern haben wir zwei Dinge zu studieren; welche sind diese?

§ 49. Die Ausdehnung der Körper durch die Wärme.

1) Beschreibe einen Versuch, der beweist, daß ein metallener Stab durch Erwärmung länger wird.

2) Was geschieht, wenn eine hohle, mit Wasser gefüllte Glaskugel erhitzt wird?

3) Was geschieht, wenn eine um ²/₃ mit Luft gefüllte Blase erhitzt wird?

§ 50—51. Das Thermometer und seine Herstellung.

1) Beschreibe die Einrichtung und den Gebrauch des Quecksilber-Thermometers.

2) Beschreibe das Verfahren, durch das man ein Thermometer füllt und schließt.

3) Beschreibe das Verfahren, nach dem man ein hundertteiliges Quecksilber-Thermometer einteilt?

4) Warum wird dieses Instrument ein hundertteiliges Thermometer genannt?

5) Welches ist die Blutwärme nach der hundertteiligen Skala?

§ 52—55. Die Ausdehnung fester, flüssiger und gasförmiger Körper.

1) Dehnt sich Glas oder Blei stärker aus?

2) Dehnt sich Platin oder Zink stärker aus?

3) Beweise mit Hilfe des Thermometers, daß Flüssigkeiten sich mehr ausdehnen als feste Körper.

4) Dehnen sich Flüssigkeiten bei hoher Temperatur stärker aus als bei niedriger oder umgekehrt?

5) Dehnen sich Gase mehr aus als Füssigkeiten?

6) Gibt es noch andere Ursachen, die Gase ausdehnen, außer der Wärme?

7) Wenn eine nicht vollständig mit Luft gefüllte Blase beim Gefrierpunkt einen Raum von 1000 Kubikzentimeter einnimmt, welchen Raum nimmt sie beim Siedepunkt ein?

8) Beschreibe einen Versuch, der beweist, daß Flüssigkeiten sich mit ungeheurer Kraft ausdehnen.

9) Erkläre, wie die Kraft der Zusammenziehung, die beim Abkühlen eintritt, beim Anfertigen von Wagenrädern verwendet wird?

§ 56. Die spezifische Wärme.

1) Was versteht man unter der spezifischen Wärme eines Körpers?

2) Nenne einen Körper, der eine sehr große spezifische Wärme hat.

3) Nenne einen Körper, der eine sehr kleine spezifische Wärme hat.

4) Veranschauliche deine Antworten auf Frage 2 und 3 durch einen Versuch.

§ 57. Die Veränderung des Aggregatzustandes.

1) In welcher Weise verändert die Erwärmung eines Körpers dessen Aggregatzustand?

2) Ein Stück Eisen ist weißglühend, aber fest; ein anderes ist geschmolzen; welches ist das heißere von beiden?

3) Ein Stück Eisen wurde geschmolzen, ein anderes in Dampf verwandelt; welches von beiden wurde am meisten erwärmt?

4) Können wir uns zur Abschätzung der Temperatur auf unser Gefühl bei der Berührung verlassen?

5) Nenne einen schwerflüssigen Körper.

6) Welches ist der Schmelzpunkt des Eises auf dem hundertteiligen Thermometer und welches der Siedepunkt des Wassers?

§ 58—59. Latente Wärme des Wassers und des Dampfes.

1) Erkläre die latente Wärme des Wassers durch einen Versuch.

2) Wenn ein Kilogramm Eis von 0° C. mit einem Kilogramm siedenden Wassers von 100° C. gemischt wird, wird die Temperatur der Mischung mehr oder weniger als 50° C. betragen?

3) Erkläre die latente Wärme des Dampfes durch einen Versuch.

4) Wenn ein Kilogramm eiskaltes Wasser von 0° C. mit einem Kilogramm Dampf von 100° C. gemischt wird, wird die Temperatur der Mischung mehr oder weniger als 50° C. betragen?

5) Was wollen wir damit sagen, daß die latente Wärme des Wassers = 80 ist?

6) Was wollen wir damit sagen, daß die latente Wärme des Dampfes = 537 ist?

7) Was würde sich in gewissen Gegenden ereignen, wenn die latente Wärme des Wassers sehr gering wäre?

8) Was würde geschehen, wenn die latente Wärme des Dampfes sehr gering wäre?

9) Beschreibe einen Versuch, der beweist, daß wirklicher Dampf unsichtbar ist.

§ 60—61. Sieden und Verdampfen.

1) Erkläre den Unterschied zwischen Sieden und Verdampfen.

2) Wovon hängt der Siedepunkt des Wassers ab?

3) Ist der Siedepunkt auf einem Berge höher oder niedriger als in der Ebene? Warum?

4) Ist er höher oder niedriger auf dem Grunde eines Bergwerkes als am Eingang? Warum?

5) Beschreibe einen Versuch, der den Einfluß einer Verringerung des Druckes auf den Siedepunkt dartut.

6) Dehnt sich das Wasser aus oder zieht es sich zusammen, wenn es von dem festen in den flüssigen Zustand übergeht? Erkläre deine Antwort durch einen Versuch.

7) Nenne einen Körper, der sich in dieser Beziehung umgekehrt wie das Wasser verhält.

8) Dehnen sich Körper aus oder ziehen sie sich zusammen, wenn sie aus dem flüssigen in den gasförmigen Zustand übergehen?

9) Welchen Raum nimmt der Dampf von einem Kubikzentimeter siedenden Wassers ein?

§ 62—63. Andere Wirkungen der Wärme. Kältemischungen.

1) Nenne einen Fall, in dem Wärme chemische Wirkung hervorruft.

2) Bringt chemische Wirkung immer Wärme hervor?

3) Nenne einen Fall, in dem bei der Mischung zweier Stoffe eine Temperaturerniedrigung entsteht und erkläre diese Wirkung.

4) Warum ist eine schnell verdampfende Flüssigkeit sehr kalt?

5) Beschreibe einen Versuch, der beweist, daß das Wasser durch seine eigene Verdampfung gefrieren kann.

§ 64. Verbreitung der Wärme.

1) Hat die Wärme immer das Bestreben, sich zu verbreiten?

2) Nenne die verschiedenen Vorgänge, durch die die Wärme sich verbreitet.

3) Gib ein Beispiel von Wärmeleitung, von Fortführung der Wärme und von der Ausstrahlung.

§ 65—66. Wärmeleitung und Fortführung der Wärme.

1) Beschreibe einen Versuch, der beweist, daß Metall die Wärme besser leitet als Glas.

2) Sind Wolle und Federn gute oder schlechte Wärmeleiter?

3) In welchem Falle halten diese Stoffe Wärme zurück?

4) In welchem Falle halten diese Stoffe Wärme ab?

5) Beschreibe einen Versuch, der beweist, daß Kupfer ein besserer Leiter ist als Eisen.

6) Was ist das unterscheidende Merkmal zwischen Wärmeleitung und Fortführung der Wärme?

7) Zeichne die Richtung der Strömungen in einem mit Wasser gefüllten Gefäß, das von unten erwärmt wird.

8) Erkläre die Wirkung der Wärmefortführung beim Gefrieren eines Sees.

9) Gib ein Beispiel von der Fortführung erwärmter Luft.

10) Erkläre die Passatwinde.

Das Licht erhitzter Körper. (S. 103.)

§ 67—68. Strahlende Wärme und Licht. Die Geschwindigkeit des Lichts.

1) Durch welchen Vorgang erreicht die Sonnenwärme unsere Erde?

2) Strahlt ein mit heißem Wasser gefüllter Kessel Wärme aus?

3) Wie verändern sich die von einem Körper ausgesandten Strahlen, wenn er mehr und mehr erhitzt wird?

4) Wer ermittelte zuerst die Geschwindigkeit, mit der das Licht sich fortpflanzt?

5) Beschreibe die Beobachtung, durch die die Entdeckung herbeigeführt wurde.

6) Mit welcher Geschwindigkeit pflanzt sich das Licht fort?

7) Wenn die Sonne plötzlich erlöschte, wie viel Zeit würde verstreichen, bis wir es merkten?

8) Besteht das Licht aus Teilchen, die von heißen Körpern ausgeworfen werden? Wenn dies nicht der Fall ist, was ist dann das Wesen des Lichts?

§ 69. Die Zurückwerfung des Lichts.

1) Veranschauliche die Zurückwerfung des Lichts durch einen Versuch.

2) Erkläre das Gesetz der Zurückwerfung des Lichts durch zwei Angaben.

3) Zeichne einige Buchstaben des Alphabets und ihre von einem ebenen Spiegel entworfenen Bilder.

4) Welcher Art ist das Bild der äußeren Dinge, das uns die glänzende Kugel eines Thermometers zeigt?

5) Beschreibe einen Versuch mit zwei Hohlspiegeln.

§ 70. Die Brechung des Lichts.

1) Veranschauliche die Brechung des Lichts durch einen Versuch.

2) Zeichne die Richtung eines Lichtstrahles vor, während und nach seinem Durchgang durch eine Glasplatte.

3) Zeichne dasselbe bei einem keilförmigen Glas (Prisma).

4) Wird ein Lichtstrahl nach der dicken Seite des Prismas oder nach der entgegengesetzten hin abgelenkt?

§ 71. Linsen und die durch sie erzeugten Bilder.

1) Zeichne eine Linse, wie sie uns erscheint, auf dem Tisch liegend und von oben gesehen.

2) Zeichne eine Linse von der Seite gesehen.

3) Erkläre die Analogie zwischen einer Linse und einem Prisma.

4) Veranschauliche durch eine Zeichnung, wie eine Linse ein Bündel paralleler Strahlen bricht, die aus der Ferne auf sie fallen.

5) Wie kann eine Linse als Brennglas benutzt werden?

6) Gib an, welchen Gebrauch der Photograph von einer Linse macht.

§ 72. Die Vergrößerungsgläser.

1) Erkläre, wie eine einzelne Linse gebraucht werden kann, um einen kleinen Gegenstand zu vergrößern.

2) Genügt dazu eine einzige Linse, wenn der Gegenstand weit entfernt ist?

3) Welche Vorrichtung wird man in diesem Fall treffen? Und wie heißt sie?

§ 73—74. Verschiedene Lichtarten werden verschieden gebrochen.

1) Angenommen, einige blaue, rote und grüne Lichtstrahlen fielen zusammen auf ein Prisma. Würden sie auch zusammen herauskommen?

2) Wenn nicht, in welcher Reihenfolge werden sie gebrochen?

3) Aus welchen verschiedenen Farben ist das weiße Licht zusammengesetzt?

4) Entwirf eine Zeichnung, aus der wir ersehen, wie man dies vermittelst des Prismas beweisen kann.

5) Wer entdeckte zuerst diese zusammengesetzte Natur des weißen Lichts?

6) Was ist ein Spektrum? Erläutere deine Antwort durch die Beschreibung eines Versuchs.

§ 75. Die Natur der Wärme.

1) Wenn ein Schmied mit einem schweren Hammer auf ein Stück Blei schlägt, was wird aus der Energie des Schlages?

2) Was wird aus der Energie, die man aufwendet, wenn man einen Knopf an einem Stück Holz reibt?

3) Veranschauliche die Umwandlung der Energie eines Schlages in Wärme durch einen Versuch mit einem Wachsstreichhölzchen.

4) Warum sprühen Funken von dem Bremsenrad eines Eisenbahnzuges, wenn er seine Geschwindigkeit verringert?

5) Nenne ein Beispiel, in dem Wärme in sichtbare Energie zurückverwandelt wird.

Elektrisierte Körper. (S. 122.)

§ 76. Leiter und Nichtleiter.

1) Welche elektrische Tatsache war zuerst bekannt?

2) Welche Entdeckung machte Gilbert?

3) Zeige durch einen Versuch, daß das Glas die Elektrizität nicht leitet.

4) Zeige durch einen Versuch, daß Metall die Elektrizität leitet.

5) Wie nennt man Glas und Metall infolge dieser Eigenschaften?

6) Nenne einige gute und einige schlechte Leiter.

§ 77—78. Die beiden Arten der Elektrizität.

1) Beschreibe einen Versuch, der beweist, daß es zwei Arten von Elektrizität gibt.

2) Wie verhalten sich zwei Körper zueinander, wenn sie mit der gleichen Elektrizität geladen sind? Und wie, wenn sie mit entgegengesetzten Arten von Elektrizität geladen sind?

3) Beschreibe einen Versuch, bei dem wir die beiden Arten von Elektrizität voneinander trennen.

4) Wie wird Glas und Seide elektrisch, wenn wir beide aneinander reiben?

5) Wie wird Siegellack und Flanell elektrisch, wenn wir beide aneinander reiben?

§ 79—82. Die Wirkung erregter und unerregter Körper.

1) Erkläre durch Bezugnahme auf einen Versuch, was man unter elektrischer Influenz versteht.

2) Beschreibe und erkläre den elektrischen Funken.

3) Zeichne ein Goldblatt-Elektroskop und erkläre seine Wirkung.

4) Welche Einwirkung erleidet ein mit positiver Elektrizität geladenes Elektroskop, wenn man einen erregten Glasstab in die Nähe seines Knopfes bringt?

5) Welche Wirkung wird erzielt, wenn man eine erregte Siegellackstange in die Nähe seines Knopfes bringt?

6) Nähert man einem mit Elektrizität geladenen Körper eine isolierte Messingkugel, so erhält man einen kleinen Funken. Wird

jedoch die Messingkugel mit der Erde in Verbindung gebracht, so erhält man einen starken Funken? Wie erklärt sich dies?

7) Befestigt man eine Spitze an der Messingkugel, so erhält man keinen Funken. Warum?

8) Welche Entdeckung machte Benjamin Franklin?

§ 83—84. Die Elektrisiermaschine und die Leydener Flasche.

1) Zeichne in einfachen Umrissen eine Elektrisiermaschine und erkläre ihre Wirkung.

2) Zeichne eine Leydener Flasche und erkläre ihre Wirkung.

3) Zeichne einen Entlader und beschreibe seinen Gebrauch.

§ 85. Die Energie der elektrisierten Körper.

1) Beweise, daß die Elektrizität Energie besitzt.

2) Ist es Elektrizität, was wir in einem Blitzstrahl sehen? Wenn nicht, was ist es sonst?

3) Warum ist eine Elektrisiermaschine schwer zu drehen?

§ 86—87. Der elektrische Strom.

1) Zeichne eine Voltasche Batterie und beschreibe ihre Wirkung.

2) Was versteht man unter den Poldrähten einer Batterie?

3) In welcher Richtung geht der positive Strom durch den geschlossenen Kreis einer Batterie?

4) Zeichne eine Grovesche Batterie und beschreibe ihre Wirkung.

§ 88—90. Die Eigenschaften des elektrischen Stromes.

1) Wie kann man einen Platindraht durch einen elektrischen Strom erwärmen?

2) Auf welche Weise kann man Wasser durch einen solchen Strom zerlegen?

3) Wenn Wasser in seine Bestandteile zerlegt wird, an welchem Pol wird der Sauerstoff erscheinen, und an welchem der Wasserstoff?

4) Auf welche Weise macht der elektrische Strom Eisen fähig, Eisen anzuziehen?

5) Behält weiches Eisen diese Eigenschaft nach Aufhören des elektrischen Stromes?

6) Was versteht man unter einem Magnet?

7) Wie verhält sich ein Magnet unter der Einwirkung eines elektrischen Stromes?

8) Erkläre, wodurch die Herstellung des elektrischen Telegraphen möglich wird.

Preisverzeichnis

der Apparate, die zu den Versuchen notwendig sind.

(Zu beziehen durch die Verlagshandlung oder direkt durch F. Majer, Mechaniker und Optiker in Straßburg.)

Um vielfachen Wünschen entgegenzukommen, wurde neben der bisherigen vollständigen Sammlung noch eine billigere Auswahl getroffen.

Versuch		Vollst. Samml. M.	Pf.	Billigere Samml. M.	Pf.
1. 2.	Blechpfanne mit Erbsen......	1	—	—	—
3.	Eisenplatte mit 4 Schnüren ..	—	90	—	90
4.	Wage von 1 Kilo Tragkraft..	24	—	15	—
	Metallstück, 20 Gramm schwer	—	50	—	50
	Gewichtssatz von 500 Gramm bis 1 Dezigramm	10	—	8	—
5.	Zwei Pfund Quecksilber in einer Flasche	7	50	7	50
	Zwei quadratische Glasstücke von 5 Zentimeter Seitenlänge ..	—	20	—	20
6.	Apparat unnötig.				
9. 10.	Holzstange	—	60	—	—*
	Zwei 4-Pfund-Gewichte	1	40	—	—*
15.	Senkel	1	60	1	—
	Porzellanschale für Quecksilber.	—	40	—	40
16.	Kommunizierende Röhren	2	—	2	—
17.	Blechzylinder mit 2 Ausflußröhren und Korken	4	—	—	—*
	Glaszylinder mit beweglichem Boden und Schnur	2	—	2	—
	Glasgefäß für den Zylinder...	1	—	1	—
	Indigolösung	—	25	—	25
18. 19.	Eine Masse 100 Gramm schwer von dem spezifischen Gewicht des Wassers.............	2	—	2	—
20.	Hohler Messingzylinder mit genau passender Hülse und Vorrichtung, um diese an der Wage zu befestigen.............	5	—	5	—
	Übertrag......	64	35	45	75

*) Kann anderweitig beschafft werden.

Versuch		Vollst. Samml. M.	Pf.	Billigere Samml. M.	Pf.
	Übertrag......	64	35	45	75
21.	Siehe Versuch 18.				
22.	Holzstück, um das Schwimmen zu zeigen..................	—	15	—	—*
24.	Apparat unnötig.				
25.	Handluftpumpe.............	55	—	40	—
	Luftpumpenglocke..........	2	50	2	50
	Zwei Kautschukballons.......	—	20	—	20
26.	Glasglocke mit Hals und Wulst	2	50	2	50
	Zwei Kautschukplatten dazu ..	—	20	—	20
30.	Magdeburger Halbkugeln	12	50	12	50
31.	Barometerrohr.............	1	—	1	—
	Glasgefäß dazu............	1	—	1	—
	Trichter z. Füllen d. Barometers	—	15	—	15
32.	Modell einer Wasserpumpe...	3	—	3	—
33.	Vibrierender Draht auf einem Metallfuß...............	1	25	1	25
37.	Thermometerröhre mit Kugel .	1	—	1	—
	100teiliges Thermometer.....	1	20	1	20
38.	Blase ⅔ mit Luft gefüllt....	—	30	—	30
40.	Man benutze die Blechpfanne von Versuch 1.				
41.	Man benutze die Flasche von Versuch 42.				
42.	Kochflasche und zwei Korke dazu	1	—	1	—
	Dreifuß und Drahtnetz	1	25	1	25
43. 44.	Kein besonderer Apparat.				
45.	Gefäß für Schwefelsäure und flaches Wassergefäß	2	—	—	—**
46.	Apparat unnötig.				
47.	Man benutze die Flasche von Versuch 42.				
48.	Drähte, um die ungleiche Wärmeleitung von Kupfer und Eisen zu zeigen, ohne Stativ.....	1	—	1	—
	Übertrag......	151	55	115	80

* Kann anderweitig beschafft werden.

** Dieser Versuch kann mit der billigeren Luftpumpe nicht ausgeführt werden.

Versuch		Vollst. Samml. M.	Pf.	Billigere Samml. M.	Pf.
	Übertrag	151	55	115	80
50.	Man benutze die Blechpfanne von Versuch 1.				
51.	Camera obscura	6	—	6	—
52.	Kein Apparat.				
54.	Elektrisches Pendel	2	—	2	—
	Mehrere Stücke Hollundermark	—	40	—	40
55.	Goldblatt-Elektroskop	6	—	5	—
	Elektrisiermaschine mit Glasscheibe von 40 Zentimeter Durchmesser	60	—	30	—*
	Schachtel mit Amalgam	—	75	—	75
56.	Stange halb von Glas, halb von Messing	2	—	2	—
	Stange von Glas mit Siegellack überzogen	2	—	2	—
	1 Stück Seidenzeug	—	30	—	30
	1 Stück Flanell	—	30	—	30
57.	Hierzu ist kein neuer Apparat nötig.				
58. 59.	Messingkugel mit Spitze und isoliertem Fuß	3	—	3	—
60.	Kein Apparat.				
61.	Leydener Flasche	3	—	2	—
	Entlader	2	—	2	—
62.	Grovesche Batterie von 4 Elementen	28	—	18	**
	Fünfzig Zentimeter dünner Platindraht	—	40	—	40
63.	Voltameter	8	—	3	—†
64.	Elektromagnet	3	—	3	—
65.	Stricknadel und Faden	—	10	—	10
66.	Apparat für den Örstedschen Versuch	2	—	2	—
67.	20 Meter umsponnener Kupferdraht	1	—	1	—
		281	80	199	05

* Dem Preise entsprechend kleiner.
** Bunsensche Batterie von 4 Elementen.
† Voltameter von Glas ohne Stativ.

Amtliche Empfehlungen der naturwissenschaftlichen Elementarbücher.

Auf die Eingabe vom 16. Oktober benachrichtige ich Sie ergebenst, daß ich den Gebrauch der in Ihrem Verlage erschienenen naturwissenschaftlichen Elementarbücher in den Elementar-, Mittel- und höheren Töchterschulen, sowie in den Präparandenschulen und Seminarien gestattet habe. Die Herren Bezirkspräsidenten habe ich hiervon in Kenntnis gesetzt und den Gebrauch genannter Bücher namentlich in Seminarien, Präparandenschulen und Mittelschulen empfohlen.

Straßburg i. E., den 17. Nov. 1876.

Der Oberpräsident von Elsaß-Lothringen.
(gez.) v. Möller.

Carlsruhe, den 16. Mai 1877.

Für Schul- und Schülerbibliotheken und für Fortbildungsschulen werden empfohlen:

Die naturwissenschaftlichen Elementarbücher für den ersten Unterricht in Elementar-, Mittel- und Töchterschulen. Herausgegeben von T. H. Huxley, H. F. Roscoe und Balfour Stewart. Rechtmäßige deutsche Ausgabe mit Abbildungen. Preis à Bändchen 80 Pf.

Die Bändchen bieten eine anziehende naturwissenschaftliche Schülerlektüre und verdienen die Aufmerksamkeit der Lehrer wegen der in denselben eingeschlagenen Methode.

Großherzoglicher Oberschulrat.

Ministerialblatt für Kirchen- und Schulangelegenheiten im Königreich Bayern Nr. 13, vom 28. März 1877.

Nr. 1945.

An die kgl. Regierungen, Kammern des Innern, die Vorstände sämmtlicher Mittelschulen, der Lehrer- und Lehrerinnenbildungsanstalten und die Distriktsschulbehörden des Königreichs.

Staatsministerium des Innern für Kirchen- und Schulangelegenheiten.

Die vorgenannten kgl. Behörden werden hiermit auf die im Verlage von Karl J. Trübner in Straßburg erscheinenden „naturwissenschaftlichen Elementarbücher“, herausgegeben von T. H. Huxley, H. E. Roscoe und Balfour

Stewart, mit dem Bemerken aufmerksam gemacht, daß dieselben vermöge ihres kurzgefaßten, allenthalben auf das Wesentlichste sich beschränkenden Inhalts, wie mit Rücksicht auf die anregende Form der Darstellung nicht nur zur Benutzung in den Volks- und Töchterschulen, sondern auch zur Anschaffung für die Schülerbibliotheken an den Mittelschulen und Lehrer- und Lehrerinnen-Bildungs-Anstalten durchaus geeignet, und daß von diesem Werke seither 4 Bändchen (Chemie von Roscoe-Rose; Physik von Stewart-Warburg; Physikalische Geographie von Geikie-Schmidt und Geologie von Geikie-Schmidt) im Preise von 80 Pf. erschienen sind.

München, den 20. März 1877.

(gez.) Dr. von Lutz.

Der Generalsekretär Ministerialrath

(gez.) v. Bezold.

Darmstadt, 2. März 1877.

Von den in Ihrem Verlage erschienenen naturwissenschaftlichen Elementarbüchern, von welchen Sie uns einige Exemplare mitgetheilt haben, haben wir mit großem Interesse Kenntniß genommen und nehmen keinen Anstand zu erklären, daß dieselben, nach Anlage wie Behandlung des Stoffes, unseren vollen Beifall fanden. . . . Wir haben daher die Direktionen der Gymnasien, Realschulen und Schullehrerseminarien, sowie die großherzoglichen Kreisschulkommissionen darauf aufmerksam gemacht, daß sie sowohl zu diesem Zweck, wie zur Anschaffung für Schul- und Volksbibliotheken sehr geeignet seien und mit vollem Rechte empfohlen werden könnten.

Das Großherzoglich Hessische Ministerium des Innern,
Abtheilung für Schulangelegenheiten.

Dresden, den 10. Oktober 1876.

Auf Ihr an Se. Excellenz den Herrn Staatsminister Dr. von Gerber gerichtetes bezügliches Gesuch, wird Ihnen hoher Anordnung zufolge mitgetheilt, daß die in Ihrem Verlage erschienenen, sehr zweckmäßigen naturwissenschaftlichen Elementarbücher vorzugsweise zur Anschaffung für Volksschulbibliotheken werden empfohlen werden.

Kultus-Ministerial-Kanzlei.

(gez.) Fiedler, Sekretär.

Urteile der Presse:

„Von der Einbürgerung der Science-Primers kann ohne Phrase gesagt werden, daß sie vielen Wünschen entgegenkommt. Niemand, der etwas von der Schwierigkeit in den Naturwissenschaften kennt, hat diese schmucken Bändchen mit ihrem präzisen, tatsächlichen, an erster Quelle geschöpften und anregend geschriebenen Inhalt ohne den Wunsch betrachten können, sie in einer passenden Weise unserem in elementarer Richtung sehr armen deutschen Unterrichtsmaterial zugeführt zu sehen. Die Originale sind meistens ausgezeichnet und es handelte sich nur darum, die passenden Verdeutscher zu finden. . . . Erfreulicherweise ist auch die Übersetzungsarbeit in einer viel sorgfältigeren Weise besorgt, als wir es besonders von unseren Übersetzern aus dem Englischen seit lange gewohnt sind.“ (Lit. Centralblatt.)

„Das Elementarbuch der Chemie gehört unstreitig zu den vorzüglichsten, welche bisher für den ersten Unterricht in der Chemie erschienen sind, da es sowohl durch passende Auswahl des Stoffes als faßliche Behandlung desselben sich auszeichnet.“ (Schulfr. 1877. Heft 2.)

„Die deutsche Volksschule ist um eine wertvolle Reihe von Leitfäden zur Einführung in die Naturwissenschaften bereichert worden. Es sind ganz vorzügliche Leistungen, die durch ihre Wohlfeilheit jeder Familie zugänglich sind.“
(Kölnische Zeitung. Nr. 263. 1877.)

„Trotz der Reichhaltigkeit des deutschen Büchermarkts in den einschlägigen Fächern sind mir bis jetzt keine Bücher bekannt geworden, welche, für gleiche Zwecke berechnet, sich den vorliegenden ebenbürtig zur Seite stellen könnten. Es sind meines Wissens unserer Volksschule noch nie so durchaus gediegene Hülfsmittel für den ersten Unterricht in den naturwissenschaftlichen Disziplinen geboten worden. Die Herren Verfasser, zu den berühmtesten Gelehrten Englands gehörend — wer kennt nicht den praktischen Sinn der Engländer? — führen den jungen Schüler durch eine Reihenfolge einfacher Versuche, welche vom Lehrer vor der Klasse auszuführen sind, an der Hand des Experiments und durch Anschauung, bis hinauf zu den Hauptwahrheiten der betreffenden Wissenschaften. Von der nächsten Umgebung und der einfachsten Tatsache ausgehend, wird die Jugend zum Beobachten, zum

Nachdenken über die alltäglichen Erscheinungen der Natur angeleitet. Allmählich werden auf diese Weise ihre Anschauungen erweitert, und überall der Gemütsbildung des Kindes sorgfältig Rechnung getragen. Die Sprache ist einfach und leicht verständlich, die Disposition klar und faßlich, und das Verständnis des Ganzen durch zahlreiche Abbildungen erleichtert. Ich kann unserer Schulbehörde nur Dank wissen, daß sie diese vorzüglichen Lehrmittel zur Einführung in unsere Schulen empfohlen hat.

Mögen diese vortrefflichen Büchelchen in Elsaß-Lothringen eine große Verbreitung finden."

J. H. (Elsaß-Lothringische Volksschule.)

„Das Elementarbuch der Geologie ist unserer Überzeugung nach ein pädagogisches Musterwerk. . . . Wir empfehlen die mit zweckentsprechenden Abbildungen versehenen Büchlein auf das Wärmste."

(Wegweiser durch die pädag. Lit. Nr. 6. 1877.)

Über die Botanik urteilt das literar. Centralblatt 1881, Nr. 48: „Wir wünschen dem kleinen Buch eine recht weite Verbreitung; wer seinen Inhalt ordentlich in sich aufgenommen hat, ist besser vorbereitet als die meisten Abiturienten, die von der Schule meistens nur ein leises Grauen vor Linnés Klassen und dem Staubfädenzählen mitbringen."

„Die vorliegende neuen Auflagen zeugen dafür, daß die Verlagshandlung es sich angelegen sein läßt, die Bändchen auf der Höhe wissenschaftlicher Forschung zu erhalten und daß sie zu diesem Zwecke ausgezeichnete Männer der Wissenschaft gewonnen hat, die nach dem Tode der ursprünglichen Bearbeiter die nötigen Nachträge und Änderungen besorgen. In der Astronomie ist namentlich die Beschreibung der Planeten nach den neuesten Forschungen ergänzt, ebenso die der Sterne, Sternhaufen und Nebelflecken. Ein Kapitel über die mitteleuropäische Zeit ist neu hinzugekommen."

(Prakt. Schulmann. 1893. Heft 4.)

Über Goette, A., Tierkunde, urteilt die Literarische Beilage zur Schweizerischen Lehrerzeitung Mai 1905: Die naturwissenschaftlichen Elementarbücher sollen „nicht schlechtweg Schulbücher im gewöhnlichen Sinne, sondern Einleitung in die jeweilige Wissenschaft für jeden Anfänger sein". Es sind daher in erster Linie Tiere als Typen für die betreffenden

Gruppen etwas eingehender besprochen, die jedermann zugänglich sind. Das Büchlein ist knapp und sehr anziehend geschrieben und — das rechnen wir ihm als Hauptverdienst an — regt sehr an zur eigenen Beobachtung, Kontrolle und Ergänzung des Gelesenen. Die Grundbegriffe werden am Bau des Menschen abgeleitet und darnach Wirbeltiere, Gliederfüßler und Weichtiere besprochen; von den anderen Stämmen sind nur die Grundzüge der Organisation angegeben. Das kleine Werk zeigt, wie man Zoologie und Anthropologie in wirklich anziehender Weise auch in der beschränkten Zeit, die ihnen in der Sekundarschule zur Verfügung steht, behandeln kann.

Die „Naturwissenschaftlichen Elementarbücher" sind eine in jeder Hinsicht eigenartige Erscheinung. Für die Hand des Anfängers sind sie bestimmt. Wer aber in ihnen Leitfäden (die ja nach dem Worte eines bekannten Pädagogen „Leidfäden" sind) vermutet, der findet sich angenehm enttäuscht. Nicht eine nüchterne Aufzählung des Notdürftigsten aus dem Tatsachenmaterial der verschiedenen Wissensgebiete enthalten diese Bändchen, sondern eine, wenn auch knappe, so doch lebensfrische Einführung in die wichtigsten Probleme, mit denen sich die betreffende Wissenschaft beschäftigt. Die Erörterung der einzelnen Fragen geschieht in einer durchaus elementaren Form, so daß man die Büchlein jedem Schuljungen in die Hand geben kann; sie führen also ihren Namen mit vollstem Rechte. Trotzdem aber merkt man auf jeder Seite, daß Männer der Wissenschaft sie geschrieben haben, die aus einem reichen Schatze des Wissens das Beste auswählen konnten. Größtenteils sind die Verfasser weithin berühmte Naturforscher. Und das ist von ganz besonderer Bedeutung; denn auf diese Weise werden die Elementarbücher zu einem erfreulichen Zeichen dafür, daß das Vorurteil zu schwinden beginnt, daß ernste, wissenschaftliche Forschung und elementare Darstellung miteinander unvereinbar seien. — Die Bücher sind illustriert und enthalten zumeist im Anhange eine Anzahl von Fragen und Aufgaben. — Ich glaube kaum, daß unsere Literatur Bücher dieser Art zum zweitenmal aufweisen kann. Jedenfalls sind diese Elementarbücher die besten Einführungswerke, die es gibt. Wir empfehlen sie für alle Schülerbibliotheken der Mittel- und Volksschulen und wünschen ihnen die weiteste Verbreitung.

Mittelschule und höhere Mädchenschule, 1904, Heft 20.

FSC
www.fsc.org
MIX
Papier | Fördert gute Waldnutzung
FSC® C083411

Zeitfracht Medien GmbH
Ferdinand-Jühlke-Straße 7
99095 Erfurt, Deutschland
produktsicherheit@kolibri360.de